Rajiv Shinde
Vijayalaxmi Shinde

Direito espacial, Internet baseada em constelações de satélites e cibersegurança

Rajiv Shinde
Vijayalaxmi Shinde

Direito espacial, Internet baseada em constelações de satélites e cibersegurança

ScienciaScripts

Cover image: www.ingimage.com

This book is a translation from the original published under ISBN 978-620-8-22302-1.

Publisher:
Sciencia Scripts
is a trademark of
Dodo Books Indian Ocean Ltd. and OmniScriptum S.R.L publishing group

120 High Road, East Finchley, London, N2 9ED, United Kingdom
Str. Armeneasca 28/1, office 1, Chisinau MD-2012, Republic of Moldova, Europe
Printed at: see last page
ISBN: 978-620-8-27644-7

Conteúdo

Reconhecimento

Gostaria de agradecer especialmente ao Dr. Babasaheb Ambedkar, o arquiteto da Constituição Indiana, ao amado mestre Osho, aos meus pais, Sharada Ambadas Shinde, Ambadas Shinde, aos meus sogros Dr. Vijay Mahindrakar, Dr. Shyamala Mahindrakar, Dr. Vijaya Mahajan, Mr. Vaibhav Mahajan, Dr. Sanjivani Yadav, Dr. Sandeep Yadav, Sr. Raghvendra Mahindrakar, Sra. Rajani Mahindrakar, Sra. Swarnimaraje - a minha filha, o meu sobrinho Sra. Urjita e Amey e membros da família, os meus amigos e simpatizantes que me apoiaram direta e indiretamente.

CAPÍTULO 1: INTRODUÇÃO

Entre as questões importantes no contexto global atual contam-se o direito espacial, as constelações de Internet por satélite e a cibersegurança. Tendo em conta os avanços na tecnologia de satélites e nas comunicações digitais, que proporcionam tanto oportunidades como desafios, a convergência destes domínios está a desenvolver-se gradualmente como um tema significativo para a investigação e a formação de políticas[1]. A presente proposta de investigação tem por objetivo realizar uma investigação aprofundada sobre as inter-relações entre o direito espacial, a Internet baseada em constelações de satélites e o seu impacto na cibersegurança. O direito internacional que rege as actividades no espaço é conhecido como "direito espacial" e é dinâmico e está em constante evolução. Historicamente, as principais preocupações do direito espacial têm sido a regulamentação do armamento espacial, a limpeza de detritos orbitais e os protocolos de lançamento de satélites. No entanto, está a ocorrer uma grande mudança no tema do direito espacial devido ao desenvolvimento de sistemas de Internet baseados em constelações de satélites, como o Starlink da SpaceX e o Projeto Kuiper da Amazon[2] . Estas mega-constelações, compostas por muitos satélites na órbita baixa da Terra, fornecem um serviço de Internet extremamente rápido em qualquer ponto do planeta.

A expansão da disponibilidade da Internet através de constelações de satélites tem implicações de grande alcance. Para além de colmatar o fosso digital e impulsionar o crescimento económico, a disponibilidade generalizada da Internet de alta velocidade tem potencial para revolucionar a comunicação digital[3] . No entanto, apesar do seu potencial revolucionário, esta nova tecnologia apresenta desafios significativos em matéria de cibersegurança. Os ciberataques, a espionagem e as violações de dados são possíveis nas redes de satélites, devido às numerosas interligações entre os satélites e as estações terrestres.

Para examinar em pormenor o tema "Análise crítica do direito espacial, da Internet baseada em constelações de satélites e do seu efeito na cibersegurança", é necessário examinar as numerosas dimensões desta convergência e ponderar os potenciais benefícios, inconvenientes e repercussões. Ao aprofundar estes aspectos, podemos obter

---

[1] "Smith, J. A. (2022). "Direito Espacial e Cibersegurança na Era das Mega-Constelações de Satélites". Journal of Space Law, 45(2), 241-264".

[2] "Johnson, M. L. (2021). "Internet baseada em constelações de satélites e suas implicações geopolíticas". Política Espacial, 42, 44-53".

[3] "Brown, R. W. (2019). "Desafios legais das megaconstelações: A Review of Current Space Law". Actas do Congresso Astronáutico Internacional, Washington, DC."

informações valiosas sobre a evolução do direito espacial, o acesso à Internet através de constelações de satélites e a defesa contra as ciberameaças[4] . A investigação tem por objetivo fornecer recomendações e perspectivas políticas para orientar os decisores políticos, as partes interessadas da indústria e a comunidade internacional através da complexa confluência de vários domínios.

O advento do serviço Internet fornecido por constelações de satélites é um exemplo da rapidez com que a tecnologia está a mudar o nosso mundo[5]. Estas constelações maciças podem ter um efeito profundo na conetividade e desenvolvimento globais se conseguirem tornar a Internet acessível a todos. No entanto, estão a ser levantadas questões sobre se a atual legislação espacial pode ou não acompanhar a velocidade da tecnologia.

Na altura em que o direito espacial foi desenvolvido, o domínio espacial era maioritariamente controlado por um grupo selecionado de governos poderosos. As actividades espaciais comerciais, as mega-constelações de satélites e o aumento do acesso ao espaço estão a exercer pressão sobre o sistema jurídico existente. Há questões importantes sobre a eficácia das leis actuais na abordagem de questões como a atribuição de espetro, a gestão do lixo espacial e a atribuição de faixas horárias orbitais numa órbita baixa da Terra sobrelotada . [6]

A Internet das constelações de satélites suscita sérias preocupações em matéria de cibersegurança. Os ciberataques, as violações de dados e a interrupção de serviços essenciais tornam-se mais prováveis devido à natureza interligada destas redes. É necessária uma investigação cuidadosa destas vulnerabilidades e da forma como interagem com o direito espacial para uma compreensão holística.

Este tema tem importantes ramificações a nível internacional. As redes de satélites podem ser utilizadas tanto para fins militares como civis, e o seu controlo pode conferir-lhe poder e influência no mundo real[7] . A capacidade de gerir ou desativar estas redes tem efeitos de grande alcance para a segurança nacional e as relações diplomáticas.

---

[4] "Lee, S. H. (2018). "Ameaças de cibersegurança às mega-constelações de satélites: Uma análise abrangente". Cybersecurity Review, 2(3), 17-36".

[5] "Anderson, K. P. (2020). "Privacidade e segurança de dados na Internet baseada em constelações de satélites: Perspectivas éticas e jurídicas". Journal of Internet Ethics, 8(1), 39-58".

[6] "SpaceX: Missão Starlink (maio de 2019), https://www.spacex.com/news/2019/05/24/starlink-mission"

[7] "Space Exploration Holdings LLC: SpaceX Non-GeostationarySatellite System-Attachment A. http://licensing.fcc.gov/myibfs/download.do?attachment_key=1158350"

As bandas de frequência destinadas às comunicações por satélite são poucas e, por conseguinte, dispendiosas. Com a entrada em serviço de um número crescente de mega-constelações de satélites, a concorrência por estas frequências está a aquecer. O efeito das regras de distribuição do espetro na igualdade de serviços deve ser incluído em qualquer discussão séria.

A sustentabilidade das actividades espaciais está a tornar-se uma preocupação cada vez mais premente. O direito espacial deve abordar questões como o controlo dos resíduos espaciais e incentivar a utilização responsável do espaço[8]. Os detritos espaciais podem ser agravados por projectos de Internet não controlados que dependem de constelações de satélites. As questões de sustentabilidade devem ser incluídas em todas as análises críticas.

É essencial implementar acções políticas e regulamentares eficazes. Os debates sobre a reforma regulamentar devem incluir uma análise dos papéis desempenhados pelas várias partes interessadas, incluindo os governos nacionais, as organizações internacionais e as empresas[9]. Em que medida as iniciativas actuais abordam as complexidades das mega-constelações de satélites e as suas ligações ao direito espacial e à cibersegurança?

A utilização de constelações de satélites para fornecer acesso à Internet pode ter benefícios sociais e económicos de grande alcance, em especial no que se refere à redução do fosso digital. No entanto, uma análise exaustiva deve determinar quem ganha com estas melhorias e se estas estão ou não a ser distribuídas de forma justa e equitativa.

Devido à natureza interligada do direito espacial, da Internet baseada em constelações de satélites e da cibersegurança, é essencial analisar os três em profundidade para compreender plenamente os desafios e as oportunidades que esta convergência apresenta[10]. É necessário um novo olhar sobre o direito espacial e a criação de regras flexíveis que possam acompanhar as rápidas mudanças nos sectores espacial e digital. Salienta igualmente a necessidade de estabelecer políticas sólidas de cibersegurança para proteger estas tecnologias revolucionárias. É fundamental realizar um debate aprofundado e informado sobre a forma de colher os benefícios da Internet baseada em

[8] "Henry, C.: SpaceX lançará 'dezenas' de satélites Starlink na próxima semana, mais a seguir (maio de 2019). https://www.space.com/spacex-starlink-satellites-launching-may-2019.html"
[9] "OneWeb: Satélites OneWeb. https://onewebsatellites.com/about-us/"
[10] "Book, G.: Ameaças à segurança das missões espaciais"

constelações de satélites, mantendo simultaneamente a segurança nacional, incentivando a cooperação internacional e garantindo a utilização sustentável do espaço exterior.

1.1 Antecedentes e contexto

O crescimento espantoso da tecnologia, bem como o aumento do número de activos baseados no espaço, tornam o direito espacial mais obscuro do que uma mera consideração jurídica e política global. O crescimento das actividades humanas fora da Terra a um nível que exige um regime jurídico e regulamentar completo acompanha o desenvolvimento da exploração espacial. Mostra o quadro que, ao longo dos anos da era espacial, sacrificou a ausência de regulamentação e, por outro lado, socializou os principais acontecimentos históricos e tratados internacionais que tornaram o espaço legal. Para além disso, aborda o Tratado da Lua de 1984, relativo aos recursos lunares, e a conclusão do direito espacial através do direito espacial nacional. A compreensão do processo de evolução do direito espacial é essencial para dominar o padrão de complexidade entre o fenómeno espacial, a tecnologia dos satélites e a cibersegurança de que trata o ensaio.

O que é uma constelação de satélites?

Uma constelação de satélites é uma rede de unidades artificiais idênticas com um objetivo comum e um controlo partilhado. Os grupos formados comunicam com estações terrestres localizadas em todo o mundo e, por vezes, estão interligados. Funcionam como um sistema e são concebidos para trabalhar em conjunto. Em primeiro lugar, os satélites em enxames giram em vários planos orbitais, geralmente semelhantes, garantindo uma cobertura global contínua. Nas constelações individuais, as unidades podem tecnicamente captar um território mais vasto do que um único meio de teledeteção·

Constelações de satélites GEO

GEO significa órbita geoestacionária. Os enxames geoestacionários derivam o seu nome do seu modo de rotação da Terra: Sincronizam-se com o movimento do nosso planeta, pairando assim sempre sobre o mesmo ponto. Isto acontece porque os enxames GEO voam sobre o equador e cada rotação demora 24 horas. GEO é uma órbita típica para constelações de satélites meteorológicos. Outros transmitem televisão e fornecem serviços de comunicação de baixa velocidade·

A uma altitude de 36 000 km da Terra, um satélite GEO individual pode captar 40% da superfície da Terra. Isto significa que um grupo de três unidades separadas por 120 graus angulares é suficiente para vigiar o mundo inteiro.

Constelações de satélites MEO

MEO é o acrónimo de Medium Earth Revolves (rotações médias da Terra) que operam a uma altitude de 5.000 a 20.000 km e servem tradicionalmente para fins de navegação. Estas constelações também fornecem conetividade de alta largura de banda em locais onde a infraestrutura terrestre é deficiente. Isto refere-se particularmente às indústrias marítima e aeroespacial, às plataformas offshore e às operações de equipas de salvamento realizadas em zonas remotas.

Constelações de satélites LEO

A constelação de satélites LEO constitui a população espacial mais densa, operando a uma altitude de 500 a 1.200 km. Os dados obtidos são amplamente utilizados por organismos governamentais, bem como por organizações comerciais e não comerciais. As constelações de satélites de órbita terrestre baixa apoiam principalmente a investigação, as telecomunicações e as necessidades de observação da Terra no domínio da monitorização ambiental, da resposta a catástrofes, da silvicultura e do sector agrícola. Estes enxames podem ter órbitas circulares ou elípticas. As órbitas circulares estão à mesma altitude, enquanto as órbitas elípticas contêm o apogeu (o ponto mais alto do satélite) e o perigeu (o ponto mais baixo do satélite). Os enxames com órbitas circulares giram em torno do nosso planeta num período de 1,5 a várias horas e, tipicamente, os enxames encontram-se quase acima dos pólos geográficos. Quanto às órbitas elípticas, a sua passagem é mais lenta no apogeu e a velocidade do satélite é mais rápida durante o movimento.

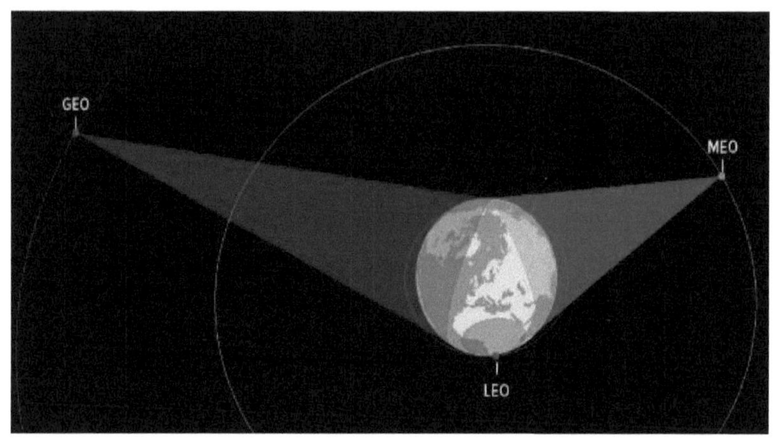

Fonte da imagem: Grandes constelações de satélites de baixa altitude: A Primer | Congressional Budget Office (cbo.gov)

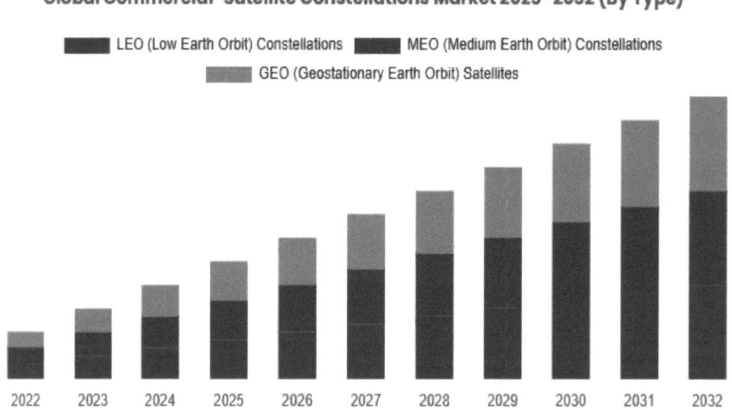

Fonte da imagem: Crescimento do mercado de constelações de satélites comerciais, tamanho, participação, demanda, tendências e previsões para 2032 (linkedin.com)

Evolução histórica do direito espacial:

O direito espacial tem evoluído de forma espantosa ao longo dos tempos em reação à expansão dos voos espaciais humanos. É evidente que, antes da Era Espacial, no início do século XX, não existia qualquer estrutura para regular a atividade humana no espaço. A ausência de supervisão legislativa cria grandes desafios para o domínio da exploração espacial em rápida expansão.

Naquela época, os voos espaciais eram sobretudo do domínio da ficção científica, de noções românticas e de discussões filosóficas abstractas. A ideia de viajar no espaço era nova e futurista; pertencia ao desconhecido. Isto indica que estes actos não eram anteriormente regidos por qualquer sistema jurídico.

Existe uma lacuna jurídica, uma vez que não existe uma estrutura de controlo do espaço. Esta disparidade pode causar problemas e ter amplas ramificações em vários assuntos importantes. Entre os desafios, destacam-se:

Propriedade dos corpos celestes: Uma vez que não existem regulamentos definidos, a questão de saber a quem pertence a Lua e os outros planetas continua a ser objeto de debate. As reivindicações e a utilização destes recursos sobrenaturais por Estados ou empresas não estavam sujeitas a uma regulamentação clara.

A falta de um quadro legislativo estabelecido levou a que as questões relativas à responsabilidade pelos detritos espaciais fossem ignoradas. Continua a haver controvérsia entre a comunidade internacional sobre quem deve ser responsabilizado em caso de acidente espacial, apesar de estarem a ser colocados em órbita cada vez mais satélites e outros objectos espaciais.

A ausência de diretrizes jurídicas claras sobre a utilização pacífica do espaço deu origem a confusão sobre o que é ou não aceitável. Podem ter surgido preocupações sobre a possibilidade de uma ação militar, uma vez que não existem quadros jurídicos estabelecidos para as operações espaciais, o que pode ter intensificado as divergências e os conflitos.

Antes da Era Espacial, não existiam limitações legais às actividades humanas no espaço. A falta de normas jurídicas claras neste domínio deu origem a uma série de possíveis problemas, incluindo quem é responsável pela eliminação do lixo espacial, a quem pertencem os corpos celestes e como coexistir pacificamente no espaço. O direito espacial surgiu para resolver estes problemas e fornecer um quadro jurídico para a utilização e exploração do espaço, após anos de avanços notáveis e acordos internacionais.

realizações notáveis

A luta pelo domínio da exploração espacial e o Sputnik são os principais temas de discussão.

O primeiro satélite artificial, o Sputnik, foi lançado em órbita pela União Soviética em 1957, marcando um ponto de viragem na história da investigação espacial. Esta ocasião memorável marcou o início da Era Espacial e influenciou profundamente a evolução do direito espacial. Durante a "corrida espacial" entre os EUA e a URSS, a ciência espacial registou um crescimento rápido e considerável, desde o lançamento do Sputnik até ao desenvolvimento de vários marcos.

O estabelecimento do direito espacial tornou-se mais necessário após o Sputnik e a subsequente "corrida espacial" por uma série de razões:

Ao longo da corrida espacial, a rivalidade entre as duas superpotências tornou-se mais intensa, o que, por sua vez, levou a um aumento das actividades relacionadas com a investigação espacial. A competição colocou a tónica na necessidade de regulamentar estas missões para evitar confrontos, bem como na possibilidade de utilização militar do espaço.

A corrida espacial obrigou a comunidade internacional a reconhecer que as actividades espaciais devem ser controladas por lei e aumentou o interesse e o envolvimento na exploração espacial à escala mundial. Este facto realçou a necessidade de colaboração e regulamentação internacionais.

As preocupações com a potencial militarização do espaço aumentaram após o lançamento do Sputnik, e essas preocupações aumentaram ainda mais quando se tratou da utilização pacífica do espaço. Este facto fez com que se tomasse consciência da necessidade de leis que proibissem os conflitos resultantes das operações espaciais e incentivassem a utilização pacífica do espaço.

Acordos ou tratados internacionais entre países: O Tratado sobre Relações Extraterrestres

Uma componente fundamental do direito espacial é o Tratado do Espaço Exterior de 1967, que foi aprovado e implementado pela ONU. Os princípios orientadores deste quadro tiveram um impacto profundo na forma como as operações espaciais são efectuadas.

O tratado proíbe a utilização de armas nucleares e de outras armas capazes de provocar uma destruição maciça no espaço, dando maior prioridade à utilização pacífica do espaço. Este conceito, que constitui a pedra angular do direito espacial, promove a cooperação e desencoraja o início de conflitos violentos no espaço.

Todos os países estão autorizados a explorar o espaço, independentemente da sua capacidade tecnológica, de acordo com o Tratado do Espaço Exterior, que defende a ideia de liberdade de exploração. Esta ideia proíbe qualquer nação de reivindicar o controlo exclusivo do espaço e garante que outras nações tenham acesso ao mesmo.

Independentemente do tipo de actividades espaciais que realizam ou de serem geridas por organizações sem fins lucrativos ou por governos, todas as nações têm um sentido de responsabilidade nacional. Isto promove a ideia de aceitar a responsabilidade pelos actos cometidos em empreendimentos relacionados com o espaço, incluindo a responsabilidade por quaisquer danos causados por corpos celestes.

A Convenção sobre a Responsabilidade e o Acordo de Salvamento, que previam mais protecções jurídicas, melhoraram o Tratado do Espaço Exterior em 1968.

O principal objetivo do Acordo de Salvamento é o regresso seguro dos astronautas em caso de emergência. Garante que os astronautas de qualquer nação possam obter ajuda imediata em caso de emergência ou de uma aterragem inesperada.

Os objectos espaciais podem ser legalmente responsabilizados por qualquer dano que causem, quer na superfície da Terra quer no espaço, ao abrigo da Convenção de Responsabilidade. Para garantir que os indivíduos que têm responsabilidade sejam responsabilizados, é essencial estabelecer normas claras para avaliar a culpa e a indemnização adequada.

A Convenção de Registo, que sublinha a exigência de responsabilidade e abertura nas actividades espaciais, é uma importante fonte de inspiração para o direito espacial. Espera-se que as nações divulguem dados sobre os seus objectos espaciais, a fim de ajudar no rastreio e monitorização dos objectos na órbita da Terra. A transparência é crucial para evitar acidentes, eliminar eficazmente os detritos espaciais e promover a colaboração internacional no espaço.

Os acordos e marcos internacionais introduziram alterações significativas no quadro regulamentar que controla a atividade espacial. Estes acordos colocam uma forte ênfase na liberdade de exploração, na responsabilidade pelas actividades espaciais, na abertura das operações espaciais e na utilização pacífica do espaço. Ao conseguirem este objetivo, estabeleceram as bases para todos os avanços posteriores no domínio do direito espacial.

Mudança do sistema jurídico:

O Acordo da Lua:

A ratificação do Acordo da Lua em 1984 constituiu um avanço significativo - se bem que controverso - no direito espacial. Para efeitos deste acordo, a Lua e todos os seus recursos são muito importantes. Deve ser estabelecido um sistema global para a utilização dos recursos lunares, e a tentativa deve garantir que todos beneficiem dele. Seguem-se alguns pontos cruciais:

O Acordo da Lua foi concebido para garantir que todas as nações beneficiassem dos recursos da Lua, como a água e os minerais, em vez de apenas uma nação ou organização ter acesso exclusivo a esses recursos. Chegou-se à conclusão de que a Lua e todas as suas riquezas devem ser consideradas como um "património comum da humanidade". Consequentemente, os recursos lunares devem estar disponíveis para todos os países.

No entanto, é importante reconhecer que o Acordo da Lua não foi muito bem acolhido. Entre os muitos países espaciais conhecidos que não aprovaram nem assinaram o acordo estão os Estados Unidos. Estas nações receiam que as limitações impostas pelo tratado tornem demasiado difícil a exploração da Lua e a utilização dos seus recursos. O Acordo Lunar não tem qualquer efeito prático nas operações lunares, uma vez que não existe consenso sobre nada.

Para além dos acordos internacionais, algumas nações criaram as suas próprias leis espaciais nacionais para controlar e supervisionar as suas operações espaciais. O âmbito, a metodologia e a substância da legislação nacional podem diferir significativamente. Seguem-se alguns pontos-chave:

Diferentes abordagens à regulamentação: Vários países têm leis espaciais diferentes. A proteção dos interesses de segurança nacional no espaço, a identificação dos requisitos de responsabilidade e seguro e a autorização e licenciamento de operações espaciais são alguns dos tópicos abordados.

Controlo das actividades no espaço privado: As leis espaciais nacionais abordam frequentemente a regulamentação e supervisão destas actividades devido à crescente participação de organizações comerciais e privadas na exploração e utilização do espaço. Exemplos de tais assuntos incluem a extração de asteróides, o turismo espacial e a colocação de satélites.

Todos os Estados são obrigados a cumprir os seus deveres internacionais, tal como previsto em tratados como o Tratado do Espaço Exterior e outros, independentemente de terem ou não as suas próprias leis espaciais.

O direito espacial nacional procura reforçar e modificar os acordos espaciais internacionais para satisfazer as necessidades específicas de cada Estado. Permite que muitas nações aproveitem as oportunidades e ultrapassem os obstáculos nos seus próprios programas espaciais.

Uma componente essencial do sistema jurídico espacial em desenvolvimento é o Acordo da Lua, que aborda questões como a gestão dos recursos lunares e a noção de "património comum da humanidade". Esta convenção tem, no entanto, um valor prático limitado, uma vez que não foi aceite por todos. A variedade de interesses e exigências entre os países que utilizam o espaço reflecte-se no facto de vários deles terem diferentes conjuntos de regulamentos que regem os seus projectos espaciais. Os tratados internacionais e estes dois elementos têm um efeito no quadro regulamentar que rege o direito espacial.

1.2 Objectivos da investigação

1. Avaliar se o quadro jurídico espacial e o ambiente regulamentar podem resolver os problemas e as perspectivas da tecnologia da Internet baseada em constelações de satélites.

2. Avaliar as ameaças à cibersegurança das mega-constelações de satélites, incluindo ciberataques, violações de dados e outros riscos de segurança.

3. Examinar os efeitos geopolíticos da Internet baseada em constelações de satélites na segurança nacional e nas relações internacionais

4. Explorar as questões éticas e jurídicas que envolvem a privacidade e a segurança dos dados na Internet baseada em constelações de satélites, fornecendo informações sobre a proteção dos dados e a segurança da transmissão.

1.3 Âmbito e significado

Âmbito da investigação:

O âmbito desta investigação estende-se à análise do atual quadro jurídico espacial e do ambiente regulamentar no contexto da tecnologia Internet baseada em constelações de satélites. Envolve um exame aprofundado do modo como estas estruturas jurídicas podem ou não abordar eficazmente as questões e perspectivas emergentes neste domínio. Esta investigação investiga o âmbito das ameaças à cibersegurança, incluindo ciberataques, violações de dados e outros riscos de segurança, no contexto das mega-constelações de satélites. Envolve a análise de potenciais vulnerabilidades e a medida em que estas ameaças podem afetar a segurança das constelações de satélites. O âmbito desta investigação abrange uma exploração dos efeitos geopolíticos da Internet baseada em constelações de satélites na segurança nacional e nas relações internacionais. Trata-se de analisar as interações entre a tecnologia dos satélites, a geopolítica e a diplomacia internacional. Esta investigação analisa as questões éticas e jurídicas que envolvem a privacidade e a segurança dos dados na Internet baseada em constelações de satélites. Inclui um exame do âmbito destas questões, do modo como afectam a proteção dos dados e a segurança da transmissão, bem como de potenciais soluções.

Importância da investigação:

O significado desta dissertação é multifacetado e estende-se a várias partes interessadas, incluindo decisores políticos, académicos de direito, tecnólogos e a comunidade global em geral. Engloba vários aspectos fundamentais:

Contribuição para os estudos de Direito Espacial: Esta investigação contribui para o corpo de conhecimentos no domínio do direito espacial. Ao analisar criticamente a interação entre o direito espacial, a Internet baseada em constelações de satélites e a cibersegurança, explora um território inexplorado. Este facto contribui para uma compreensão mais profunda das implicações jurídicas e políticas destas tecnologias em evolução.

Implicações políticas: Os resultados deste estudo podem informar os decisores políticos e os funcionários governamentais sobre os desafios e oportunidades regulamentares apresentados pelos sistemas de Internet baseados em constelações de satélites. Este conhecimento é crucial para a definição de políticas nacionais e internacionais relacionadas com a exploração espacial, a tecnologia de satélites e a cibersegurança.

Enfrentar os desafios da cibersegurança: À medida que as infra-estruturas espaciais se tornam mais integradas na nossa vida quotidiana, a cibersegurança destes sistemas torna-se fundamental. Esta investigação destaca os desafios da cibersegurança e as vulnerabilidades associadas às constelações de satélites, fornecendo informações que podem ajudar a desenvolver estratégias para salvaguardar estes activos críticos.

Avanços tecnológicos: Ao avaliar a importância da Internet baseada em constelações de satélites, esta dissertação lança luz sobre os potenciais avanços tecnológicos e inovações nas redes de comunicação. Sublinha o impacto transformador destes sistemas na expansão do acesso global à Internet e na melhoria da conetividade.

Acesso global à Internet: Compreender as implicações da Internet baseada em constelações de satélites para o acesso global à Internet é significativo, especialmente para regiões remotas e mal servidas. A investigação destaca o potencial para reduzir o fosso digital e melhorar o acesso à informação e aos serviços em zonas com infra-estruturas limitadas.

Considerações sobre segurança global: Este estudo aborda o panorama mais vasto da segurança global, analisando a intersecção entre o direito espacial e a cibersegurança. Sublinha a necessidade de cooperação internacional na proteção de bens e dados espaciais, o que é crucial tanto para a segurança nacional como para a estabilidade do ecossistema global de informação.

Impacto social e económico: Os resultados da investigação têm implicações sociais e económicas, explorando a forma como as constelações de satélites afectam várias indústrias e sectores, desde as telecomunicações e a agricultura até aos serviços de emergência. A compreensão destes impactos é essencial para as partes interessadas da indústria, empresas e investidores.

a importância desta dissertação reside na sua capacidade de contribuir para a evolução do discurso sobre o direito espacial, a tecnologia e a cibersegurança. Fornece informações valiosas para académicos, decisores políticos, líderes da indústria e público em geral, ajudando, em última análise, no desenvolvimento de políticas e estratégias informadas na era da Internet baseada em constelações de satélites e nos seus efeitos na cibersegurança.

1.4 Questões de investigação

I Em que medida a atual legislação espacial aborda os desafios regulamentares da Internet baseada em constelações de satélites e como pode salvaguardar os interesses mundiais em matéria de cibersegurança?

II Como pode a interação entre o direito espacial, a Internet via satélite e a cibersegurança estabelecer um modelo de governação que promova a paz, a dissuasão cibernética e o acesso equitativo?

III Quais são as ciberameaças emergentes à Internet via satélite e como pode um quadro holístico de segurança jurídica atenuá-las, protegendo os bens espaciais e as infra-estruturas da Terra?

IV Como é que as variações da legislação espacial nacional e da cibersegurança afectam a Internet por satélite e como é que as normas de segurança jurídica podem ser harmonizadas para a cooperação internacional?

1.5 Hipótese de investigação

H1: O atual quadro jurídico espacial e o ambiente regulamentar podem abordar eficazmente as questões e perspectivas da tecnologia da Internet baseada em constelações de satélites.

H0: O atual quadro jurídico espacial e o ambiente regulamentar não podem abordar eficazmente as questões e perspectivas da tecnologia da Internet baseada em constelações de satélites.

CAPÍTULO 2: REVISÃO DA LITERATURA

Jha, et al., (2022)[11] Os satélites estão cada vez mais interligados e cibervulneráveis, o que suscita preocupações de partes interessadas como operadores, astrónomos e activistas. A cibersegurança espacial estuda a segurança dos dados em redes de transmissão, processamento de sinais e cibernética. O presente documento tem por objetivo discutir a cibersegurança das mega-constelações, centrando-se na atenuação e na prevenção através de alterações políticas e de avanços tecnológicos.

Wang, et al (2022)[12] A integração de redes de satélites de órbita terrestre baixa (LEO) no ecossistema da Internet das Coisas (IoT) oferece serviços de rede fiáveis, omnipresentes e sem descontinuidades. No entanto, surgem preocupações de segurança devido à topologia dinâmica, às restrições de recursos, à longa latência e à autenticação de múltiplos feixes. Este artigo apresenta a arquitetura do ecossistema IoT assistido pela rede de satélites LEO e propõe um esquema de autenticação eficiente e com preservação da privacidade baseado em cadeias de blocos. O esquema utiliza encriptação sem certificado e blockchain de consórcio para computação leve de pares de chaves e consulta e verificação eficientes de assinaturas.

Fraire, et al., (2019)[13] A Internet das Coisas (IoT) revolucionou a vida quotidiana ao permitir que dispositivos de baixa potência realizem operações de monitorização e atuação. No entanto, surgem desafios em implantações de dispositivos de baixa potência dispersos em grandes áreas geográficas. Os satélites desempenham um papel crucial em cenários de recuperação de desastres, exigindo uma infraestrutura de comunicações de backhauling resiliente. A conetividade IoT direta ao satélite (DtS-IoT) é preferida para este fim. Este trabalho apresenta uma análise aprofundada da DtS-IoT, discutindo as técnicas de camada física disponíveis, a adequação do protocolo de controlo de acesso médio e a conceção da constelação de satélites LEO.

---

[11] "Jha, D., Manti, N. P., Carlo, A., Zarkan, L. C., Breda, P., & Jha, A. (2022). Salvaguardando a fronteira final: Analisando os desafios jurídicos e técnicos das mega-constelações. *Journal of Space Safety Engineering*, *9*(4), 636-643. https://www.sciencedirect.com/science/article/abs/pii/S2468896722001057"

[12] "Wang, B., Chang, Z., Li, S., & Hämäläinen, T. (2022). Um esquema de autenticação baseado em blockchain eficiente e com preservação da privacidade para a Internet das Coisas assistida por satélite em órbita terrestre baixa. *IEEE Transactions on Aerospace and Electronic Systems*, *58*(6), 5153-5164. https://ieeexplore.ieee.org/abstract/document/9811380"

[13] "Fraire, J. A., Céspedes, S., & Accettura, N. (2019, setembro). Diret-to-satellite IoT-a survey of the state of the art and future research perspectives: Backhauling da IoT através de satélites LEO. Na Conferência Internacional sobre Redes Ad-Hoc e Sem Fio (pp. 241-258). Cham: Springer International Publishing. https:// .springer.com/chapter/10.1007/978-3-030-31831-4_17"

Chen, et al., (2022)[14] Sat5G analisa as vulnerabilidades de segurança associadas à ligação de redes 5G a redes de satélite. As principais áreas de interesse incluem a utilização de ligações por satélite como redes de reserva, a utilização de transmissão de conteúdos por satélite e a utilização de ligações por satélite como redes de transferência entre redes centrais 5G. As redes terrestres são susceptíveis de adulteração ou escuta de dados durante a transmissão através da ligação de reserva. Além disso, o tráfego pode ser reencaminhado sem autorização e os dados enviados através de redes partilhadas podem ser alterados ou mesmo interceptados. Muitas vezes, estão ligadas várias redes terrestres e de satélite. Os principais problemas de segurança incluem ataques distribuídos de negação de serviço, redes profundas e fugas de conteúdos. O Sat5G efectuou uma análise inicial, embora não exaustiva, das questões de segurança relacionadas com os sistemas de satélite (SI). Os futuros desafios de segurança para SI (Inteligência de Segurança) incluem os relacionados com a segurança nacional, a segurança da rede e a segurança do equipamento, para citar apenas alguns. Estes tópicos são resumidos de forma breve e analítica neste artigo. A investigação anterior forneceu a base para a análise.

Cao, et al., (2020), nos problemas de segurança da NTN explica que o Sat5G analisa as ameaças à segurança da integração da rede de satélites e das redes 5G, incluindo principalmente os seguintes três aspectos principais[15] : As pessoas estão preocupadas com a segurança da utilização das comunicações por satélite como rede de reserva quando viajam. De acordo com a principal avaliação dos riscos de segurança para a rede terrestre, qualquer pessoa pode alterar ou escutar os dados transferidos através da ligação de reserva. Esta contém tanto os sinais do plano de controlo como os dados do plano do utilizador. Outro problema com que as redes terrestres têm de lidar é o facto de as comunicações transmitidas através da rede comum de satélites poderem ser pirateadas ou monitorizadas. Algumas pessoas estão preocupadas com a segurança das redes centrais 5G que dependem de ligações por satélite para a transmissão. Isto implica que as duas redes terrestres não estão frequentemente no mesmo domínio de confiança. Além disso, nenhuma das duas redes terrestres tem a rede de satélite na sua zona de confiança. Muitas redes terrestres partilham redes de satélite.

---

[14] "Chen, M., Shao, J., Huang, X., Su, L., He, S., & Du, H. (2022, novembro). Análise e melhoria de segurança para integração de satélite e rede móvel. Em 2022, Conferência Internacional do IEEE sobre Comunicação, Redes e Satélite (COMNETSAT) (pp. 469-474). IEEE. https://ieeexplore.ieee.org/abstract/document/9994577"

[15] "Cao, H., Wu, L., Chen, Y., Su, Y., Lei, Z., Zhao, C. (2020). Análise sobre a segurança da Internet via satélite. In: Lu, W., *et al.* Segurança Cibernética. CNCERT 2020. Comunicações em Ciências da Computação e da Informação, vol 1299. Springer, Singapore. https://doi.org/10.1007/978-981-33-4922-3_14. https://.springer.com/chapter/10.1007/978-981-33-4922-3_14#citeas"

O Sat5G (2018) identifica preocupações de segurança nas redes terrestres, como a manipulação, a vigilância e o "sequestro de tráfego", que se refere ao reencaminhamento não autorizado de dados. Um ataque de negação de serviço distribuído (DDoS) é um problema de segurança que surge aquando da transmissão de dados via satélite. A combinação de caching local com a utilização de servidores MEC agrava as fugas de conteúdos, aumentando assim o risco de acesso não autorizado a materiais, o que pode resultar em actividades ilegais. O MEPG DASH permite que os utilizadores obtenham todos os componentes multimédia utilizando um ficheiro de manifesto. O Sat5G efectuou uma investigação preliminar sobre as preocupações de segurança do SI, mas não foi exaustiva. Este artigo discute e avalia os desafios de segurança que a SI (Indústria de Segurança) enfrentará no futuro, incluindo preocupações relacionadas com a segurança nacional, a segurança da rede e a segurança do equipamento . [16]

Robinson, & Mazzucato, (2019)[17] , explicaram que A economia do espaço testemunhou recentemente transformações significativas, tornando o sector espacial mais apelativo do que nunca. Nomeadamente, os avanços tecnológicos e a redução dos custos de fabrico, de lançamento e operacionais abriram caminho a um ecossistema espacial próspero. A miniaturização dos satélites tornou mais rentável o seu desenvolvimento e gestão, enquanto a tecnologia de foguetões reutilizáveis reduziu substancialmente as despesas associadas ao lançamento de cargas úteis para o espaço. A integração de tecnologias digitais e avançadas aumentou ainda mais as oportunidades, permitindo que os novos operadores acedam aos dados dos operadores de satélites e explorem aplicações comerciais inovadoras.

Robinson, & Mazzucato, (2019)[18] Este crescimento crescente no sector espacial global introduziu uma riqueza de possibilidades tanto para os participantes estabelecidos como para os emergentes. O ano de 2022 marcou um recorde na indústria espacial, com 186 lançamentos de foguetões bem sucedidos, ultrapassando o ano anterior em 41 lançamentos. Este aumento da atividade de lançamento é indicativo da rápida evolução

[16] "Prasad, Anand & Arumugam, Sivabalan & B, Sheeba & Zugenmaier, Alf. (2018). Segurança 3GPP 5G. Jornal de Normalização das TIC. 6. 137-158. 10.13052/jicts2245-800X.619. https://www.researchgate.net/publication/326237277_3GPP_5G_Security"

[17] "Robinson, D. K., & Mazzucato, M. (2019). A evolução das políticas orientadas para a missão: Explorando a mudança de políticas de criação de mercado no sector espacial dos EUA e da Europa. *Research Policy*, *48*(4), 936-948".

[18] "Coykendall, J., Hardin, K., Brady, A., & Hussain, A. (2023, 22 de março). Aproveitando o crescimento exponencial no espaço: Maior investimento, infraestrutura aprimorada e tecnologias digitais podem desbloquear o potencial em todo o ecossistema espacial. https://www2.deloitte.com/us/en/insights/industry/aerospace-defense/future-of-space-economy.html"

em curso no setor espacial. No entanto, é essencial reconhecer a presença de incertezas e desafios no horizonte. Para garantir uma base industrial sustentável e sólida no ecossistema espacial, é fundamental uma abordagem colaborativa e pragmática. A concretização deste crescimento depende de uma combinação de investimentos públicos e privados, que podem ser aproveitados para desenvolver modelos que capitalizem as perspectivas de receitas a curto e a longo prazo. É imperativo que todas as empresas, independentemente de serem entidades estabelecidas ou recém-chegadas, dêem ênfase à inovação. Isto facilitará a criação de uma gama diversificada de casos de utilização em várias indústrias de utilizadores finais.

Nichols, et al., (2022).[19] afirma que O domínio espacial está a enfrentar um desafio crescente para as sociedades e as infra-estruturas críticas, à medida que mais entidades se aventuram neste domínio. Os satélites tornaram-se componentes indispensáveis da vida moderna, fornecendo dados essenciais para a navegação, comunicação, monitorização ambiental e segurança nacional. O sector da defesa australiano, por exemplo, depende fortemente de sistemas baseados no espaço para várias funções cruciais (Departamento de Defesa australiano, 2016)[20] . No entanto, o espaço, outrora aparentemente sem limites, é atualmente caracterizado por congestionamento, contestação e concorrência. Um número crescente de intervenientes, incluindo empresas privadas e países tradicionalmente fora da arena espacial, estão a tentar estabelecer a sua presença neste domínio. Os satélites desempenham um papel fundamental na promoção do desenvolvimento económico através da avaliação do clima, da monitorização de catástrofes naturais, da localização de recursos e da promoção da agricultura. Os principais factores que contribuem para este cenário em evolução são a comercialização, a redução dos custos tecnológicos e a miniaturização. No entanto, apesar dos benefícios de um sector espacial mais inclusivo e equitativo, persistem certos riscos e desafios.

Humayun, (2020) Uma das principais preocupações gira em torno do armamento do espaço e do desenvolvimento de sistemas anti-satélite, que introduzem ameaças sob a forma de ataques "cinéticos" e "não cinéticos" aos satélites. Estes ataques vão desde

---

[19] "Nichols, R. K., Carter, C. M., Hood, J. P., Jackson, M. J., Joseph, S., Larson, H., Lonstein, W. D., Mai, R. W., McCreight, R., Mumm, H. C., Oetken, M. L., Pritchard, M. J., Ryan, J., J.C.H., Sincavage, S. M., Slofer, W. (2022). Space Systems: Emerging Technologies and Operations. https://kstatelibraries.pressbooks.pub/spacesystems/chapter/exploration-of-key-infrastructure-vulnerabilities-from-space-based-platforms-mccreight/"

[20] "Departamento de Defesa da Austrália. (2016). "Sistemas baseados no espaço no sector da defesa australiano: A Comprehensive Review". Canberra, Austrália: Australian Government Publishing. https://parlinfo.aph.gov.au/parlInfo/download/library/prspub/8697707/upload_binary/8697707.pdf"

mísseis a interferências e ciberataques.[21] Um evento digno de nota foi o teste de armas da Rússia em novembro de 2021, em que destruiu um satélite inativo, espalhando mais de 1500 pedaços de detritos em órbita baixa. Esta demonstração alarmante não só suscitou preocupações internacionais, como também intensificou os perigos no espaço.

Krishnamurthy, (2020).[22] O Departamento de Defesa dos Estados Unidos sublinha que o verdadeiro perigo provém dos ciberataques, que podem atingir redes inteiras de satélites, incapacitando-as. A guerra cibernética é relativamente económica em comparação com a destruição física dos satélites, que pode ser um empreendimento mais dispendioso.

Harrison, et al., (2019). Os sistemas espaciais tornaram-se uma componente crucial das operações militares modernas, servindo vários objectivos, como a navegação, a definição de alvos de precisão, os sistemas de armas, as telecomunicações e os sistemas de monitorização. [23]À medida que o espaço exterior se torna um domínio contestado, as grandes potências desenvolveram estratégias de defesa espacial e estão ativamente envolvidas na militarização. As capacidades contra-espaciais, incluindo a guerra eletrónica, as operações cibernéticas, as operações de energia dirigida e as armas anti-satélite, constituem ameaças aos sistemas espaciais. Muitos sistemas espaciais servem tanto funções civis como militares, o que os torna inerentemente bens de "dupla utilização". Estes sistemas são essenciais em infra-estruturas civis críticas, como a energia e as comunicações, e em operações humanitárias. O Comité Internacional da Cruz Vermelha (CICV) utiliza extensivamente satélites de comunicação para comunicações de voz e Internet, satélites de navegação para logística e satélites de observação da Terra para cartografia de emergências e avaliação de riscos. No entanto, os conflitos armados que envolvem sistemas espaciais podem potencialmente ameaçar serviços civis vitais, como os detritos espaciais e as operações cibernéticas.

Pelton, Dahlstrom, (2020), O relatório explora a complexa relação entre a "revolução dos pequenos satélites" comerciais e a segurança nacional dos EUA, salientando a necessidade de mudanças significativas na relação dos EUA com a indústria espacial

[21] "Humayun, M., Niazi, M., Jhanjhi, N. Z., Alshayeb, M., & Mahmood, S. (2020). Ameaças e vulnerabilidades à cibersegurança: um estudo de mapeamento sistemático. *Arabian Journal for Science and Engineering*, *45*, 3171-3189. https:// .springer.com/article/10.1007/s13369-019-04319-2#citeas"

[22] "Krishnamurthy, V. (2020). Ciberataques no espaço exterior: A Study. *Supremo Amicus*, *20*, 584. https://heinonline.org/HOL/LandingPage?handle=hein.journals/supami20&div=67&id=&page="

[23] "Harrison, T., Johnson, K., & Roberts, T. G. (2019). *Avaliação da ameaça espacial 2019*. Centro de Estudos Estratégicos e Internacionais. https://www.researchgate.net/profile/Thomas-Roberts-30/publication/332211406_Space_Threat_Assessment_2019/ s/5ca659a792851c64bd50aa61/Space-Threat-Assessment-2019.pdf"

comercial[24] . O relatório salienta os desafios colocados pelo rápido aumento do número de satélites operacionais, em especial de pequenos satélites, e a necessidade de um novo ecossistema espacial com profundas implicações para a segurança global e o desenvolvimento económico. A rápida implantação de satélites apresenta desafios únicos para a segurança dos EUA e para as forças armadas destacadas, incluindo o aumento do congestionamento, a concorrência pela largura de banda das comunicações, novos tipos de operações espaciais, maior transparência e um paradigma de ameaça em mudança. Para competir, os EUA devem efetuar mudanças substanciais nos processos de aquisição da defesa, nas estratégias de investigação e investimento, na classificação e distribuição de dados e no ambiente regulamentar do espaço comercial.

Steer, & Hersch, (2020) A utilização crescente do espaço exterior para fins militares e civis, especialmente a tecnologia de satélites, levou a um aumento das considerações e debates em torno dos aspectos jurídicos, éticos e de segurança destas actividades. Esta panorâmica da literatura analisa várias dimensões do direito espacial, as operações militares no espaço e o seu impacto na segurança nacional e na privacidade dos dados.[25] O direito espacial evoluiu significativamente para se adaptar à presença crescente de satélites e actividades espaciais. Os juristas têm explorado o quadro do direito espacial estabelecido por acordos internacionais, como o Tratado do Espaço Exterior e a Convenção sobre a Responsabilidade. Estes acordos fornecem diretrizes sobre a utilização do espaço exterior, promovendo a cooperação pacífica e limitando a militarização do espaço. A militarização do espaço é uma preocupação crescente nas relações internacionais e na segurança nacional. Os investigadores examinaram a forma como as grandes potências encaram o espaço como um novo "domínio operacional", o que resultou em estratégias e comandos dedicados à defesa do espaço. O desenvolvimento, teste e utilização de capacidades contra-espaciais, tanto cinéticas como não cinéticas, são temas de interesse académico. Estas capacidades incluem a guerra eletrónica, as operações cibernéticas, as operações de energia dirigida e as armas anti-satélite, levantando questões sobre as potenciais consequências dos conflitos armados no

---

[24] Pelton, J.N., Dahlstrom, E. (2020). Pequenos satélites e o papel governamental no desenvolvimento de novas tecnologias, serviços e mercados. Em: Pelton, J.N., Madry, S. (eds) Handbook of Small Satellites. Springer, Cham. https://doi.org/10.1007/978-3-030-36308-6_58

[25] "Steer, C., & Hersch, M. (Eds.). (2020). *War and Peace in Outer Space: Law, Policy, and Ethics*. Oxford University Press. https://books.google.co.in/books?hl=en&lr=&id=9vYTEAAAQBAJ&oi=fnd&pg=PP1&dq=A utilização do espaço exterior para fins militares e civis, em especial a tecnologia de satélites, levou a um aumento das considerações e dos debates em torno dos aspectos jurídicos, éticos e de segurança destas actividades&ots=PG4LR4X0lk&sig=kF2fnbnU998t5bcrAXFEOpB_B6w&redir_esc=y#v=onepage&q&f=false"

espaço. O conceito de sistemas espaciais de dupla utilização, que servem tanto funções civis como militares, é um tema proeminente na literatura. Com a proliferação de satélites comerciais, as suas capacidades expandiram-se, tornando-os essenciais para vários serviços civis. Por conseguinte, discute-se o potencial impacto dos conflitos armados no espaço sobre as infra-estruturas civis, em especial nos sectores da energia e das comunicações. A destruição de objectos espaciais, a geração de detritos espaciais ou os ciberataques contra satélites essenciais podem perturbar serviços cruciais na Terra. A legislação em matéria de privacidade e proteção de dados no domínio da tecnologia espacial também tem merecido atenção. Os estudiosos têm explorado a questão de saber se as leis sobre a privacidade dos dados terrestres se aplicam às actividades no espaço exterior, especialmente no que diz respeito aos dados recolhidos e transmitidos por satélites. Esta panorâmica reflecte a natureza multidimensional do direito espacial, das operações militares no espaço e das suas implicações para a segurança nacional e a privacidade dos dados. A paisagem em evolução das actividades espaciais exige um exame jurídico e ético contínuo para garantir a utilização pacífica e responsável do espaço exterior.

Kua, et al., (2021). Os recentes avanços científicos e tecnológicos, impulsionados pela Internet das Coisas (IoT), pela aprendizagem automática (ML) e pela inteligência artificial (IA), pela computação distribuída e pelas tecnologias de comunicação de dados, abriram um vasto leque de oportunidades numa variedade de domínios científicos. Estas oportunidades vão desde a comunicação de dados rápida, fiável e eficiente até à computação em nuvem/de ponta em grande escala e à análise inteligente de grandes volumes de dados[26] . Os avanços tecnológicos e as descobertas que tiveram lugar nestes domínios abriram também uma infinidade de portas no sector aeroespacial. A aterragem bem sucedida do rover Perseverance da NASA na superfície de Marte, em 18 de fevereiro de 2021, significa mais um enorme passo em frente para a humanidade no domínio da exploração espacial. Prevê-se que a investigação emergente e os avanços das tecnologias de ligação e de computação na IdC para contextos espaciais/não terrestres proporcionem grandes vantagens num futuro não muito distante. O presente estudo apresenta uma análise exaustiva do domínio e uma perspetiva das perspectivas tornadas viáveis pelas tecnologias baseadas no espaço e na Internet das coisas (IoT). Começamos por fazer uma

[26] "Kua, Jonathan, Seng W. Loke, Chetan Arora, Niroshinie Fernando e Chathurika Ranaweera. 2021. "Internet das coisas no espaço: A Review of Opportunities and Challenges from Satellite-Aided Computing to Digitally-Enhanced Space Living" *Sensors* 21, no. 23: 8117. https://doi.org/10.3390/s21238117"

análise abrangente dos recentes avanços na Internet das Coisas (IoT) e na indústria espacial, após o que destacamos importantes obstáculos e oportunidades em ambos os sectores. Depois disso, analisamos o estado atual da tecnologia e falamos sobre as possibilidades de futuras inovações, implementações e integrações da Internet das Coisas (IoT) para ajudar a apoiar os futuros esforços de exploração espacial.

Behrens, & Lal, (2019). A teledeteção é um sector em crescimento nas actividades espaciais, com um envolvimento crescente do sector privado. No entanto, não existe um tratado internacional que regule as actividades de teledeteção[27] . A Resolução da Assembleia Geral sobre os Princípios Relativos à Deteção Remota da Terra a partir do Espaço Exterior define a deteção remota como a utilização de ondas electromagnéticas para melhorar a gestão dos recursos naturais, a utilização dos solos e a proteção do ambiente. A proteção da propriedade intelectual (PI) é crucial na teledeteção, uma vez que rege a utilização e a distribuição dos dados.

F. O artigo de 1963 de F. B. Schick, "Space Law and Communication Satellites", publicado na revista The Western Political Quarterly, investiga a intrincada intersecção entre o direito espacial e o domínio emergente dos satélites de comunicação[28] . O artigo explora os aspectos jurídicos e políticos da utilização do espaço exterior para fins de comunicação, centrando-se nos primeiros anos da exploração espacial e da comunicação por satélite. Discute os desafios e as considerações jurídicas associadas à implantação de satélites de comunicação, salientando a necessidade de acordos internacionais e de quadros jurídicos para reger as actividades no espaço exterior. Este trabalho histórico fornece informações valiosas sobre os fundamentos do direito espacial e a sua relevância para os satélites de comunicação, oferecendo uma perspetiva sobre a evolução do panorama jurídico das actividades espaciais durante essa época.

Jasti, B. L. (2020).[29] O governo indiano detém atualmente o monopólio da recolha e divulgação de dados de deteção remota. O projeto de Política de Deteção Remota 2020 (RSP 2020) visa liberalizar o sector espacial, abrindo oportunidades para o mercado tecnológico indiano. Para rentabilizar os dados recolhidos, é necessária uma proteção adequada da propriedade intelectual sem comprometer o objetivo de utilidade pública. É

[27] "Behrens, J. R., & Lal, B. (2019). Explorando tendências no ecossistema global de pequenos satélites. *New Space*, *7*(3), 126-136. https://www.liebertpub.com/doi/full/10.1089/space.2018.0017"
[28] "Schick, F. B. (1963). "Space Law and Communication Satellites". The Western Political Quarterly, 16(4), 543-560. https://www.jstor.org/stable/445956"
[29] "Jasti, B. L. (2020). Lei sobre Sensoriamento Remoto. Universidade de Direito NALSAR. https://nalsarpro.org/Portals/23/Law%20on%20Remote%20Sensing.pdf"

necessário reconhecer estatutariamente os direitos e obrigações de todas as entidades envolvidas nas transacções de dados de teledeteção. O RSP 2020 não aborda as questões de propriedade intelectual decorrentes da entrada de entidades privadas no mercado nem a questão de saber se a proteção deve depender das condições contratuais. O presente artigo centra-se na avaliação do grau de proteção concedido aos dados de teledeteção ao abrigo do regime de direitos de autor na Índia. O regime de direitos de autor deve alinhar-se com a norma da facilidade de acesso aos dados, assegurando a manutenção dos interesses tanto dos utilizadores como das entidades que recolhem, divulgam e geram serviços de valor acrescentado.

Correia, et al., (2022).[30] A greve do SI por segmento de utilizador, segmento espacial e segmento terrestre pode ser dividida em arquitetura de sistema. O segmento do utilizador serve vários tipos de terminais de satélite que se dividem em constelação ISL (inter satellite link) e sem ISL; o segmento espacial inclui constelação de satélites que compreende dois tipos: i) aplicação ISL (inter satellite link) e ii) aplicação não ISL; o segmento terrestre tem a estação gateway (GS), o sistema de gestão e controlo de operações (OMCS), o sistema de medição e controlo.

Jones, (2023)[31] enquanto afirma que a China criou a seguir os satélites de comunicações quânticas depois de o primeiro satélite Micius ter sido colocado em órbita em 2016. Depois, devemos desenvolver a próxima geração de satélites, na qual se destaca a rede de satélites de chave quântica com órbita terrestre baixa, e as plataformas experimentais de ciência quântica de órbita média e alta também são importantes. Um satélite QKD cria um emaranhamento quântico entre um estado na Terra e outro no espaço para facilitar uma comunicação quântica objetivamente segura, utilizando fotões individuais como bits quânticos ou qubits que são polarizados em orientações específicas para representar a informação quântica. Estes qubits geram pares de fotões aleatórios mas também emaranhados, que são espalhados em duas estações terrestres separadas. Estas estações criam uma chave oculta e secreta para ser distribuída a duas estações diferentes. Este satélite introduziu a distância extrema em que o QKD pode transmitir dados fiáveis de forma segura. No entanto, estes satélites poderão desfrutar de uma visão mais alargada de todo o globo, uma vez que estão mais afastados da Terra do que o satélite Micius, que

---

[30] "Correia, R., Varum, T., Matos, J. N., Oliveira, A., & Carvalho, N. B. (2022). Segmentos terminais de utilizador para constelações de satélites em órbita baixa da Terra: Sistemas comerciais e ideias inovadoras de investigação. *IEEE Microwave Magazine*, *23*(10), 47-58. https://ieeexplore.ieee.org/abstract/document/9877788"

[31] "Lu, C. Y., Cao, Y., Peng, C. Z., & Pan, J. W. (2022). Experiências quânticas de Micius no espaço. *Reviews of Modern Physics*, *94*(3), 035001. https://journals.aps.org/rmp/abstract/10.1103/RevModPhys.94.035001"

orbita a quase 310 milhas acima da Terra. As questões relacionadas com as tecnologias de supressão de micro-vibrações necessárias para emitir sinais ópticos ou laser precisos também fazem parte integrante. O impacto da tecnologia quântica espacial poderá também residir nas missões de exploração espacial de longo alcance e na descoberta de ondas de rede espacial.

PTI. (2023, 27 de outubro).[32] Em 2023, o serviço de comunicação por satélite OneWeb será implementado, de acordo com Sunil Bharti Mittal, presidente da Bharti Airtel. A Eutelsat estreou o seu serviço comercial, OneWeb, há um ano em Londres. Mittal afirma que, de todas as cidades e municípios que usaram os serviços 5G da Airtel, 5.000 foram bem-sucedidos e 20.000 foram aldeias. Uma constelação denominada OneWeb, que pretende fornecer Internet de alta velocidade através de satélites espaciais, conta com o apoio da Bharti Enterprises.

Sarin & Co. (2021). [33]Após a fusão em 2020, a empresa resultante da fusão será designada por Eutelsat OneWeb Co. Sarin. A Índia lançou os seus programas espaciais em 1962, uma década depois de ter declarado a sua independência da Grã-Bretanha em 1947. A Organização de Investigação Espacial Indiana (ISRO) foi criada em 1969. O Departamento do Espaço (DOS) supervisiona as actividades da ISRO; a ISRO foi criada em 1972 pela Comissão Espacial da Índia (SCOM). Em 1975, a Índia tinha lançado com êxito o seu primeiro satélite em órbita. Desde então, o sector espacial tem crescido imenso. Tanto a devolução de produtos lançados para o espaço como a responsabilidade internacional por danos causados por objectos espaciais foram abordadas em dois tratados de 1968. Os objectivos fundamentais destes pactos eram o rápido regresso das naves espaciais e a segurança da tripulação. A ratificação da Convenção sobre a Responsabilidade Internacional por Danos Causados por Objectos Espaciais ocorreu em 1979, pouco depois da adesão da Índia ao Tratado do Espaço Exterior em 1967. O Gabinete do Primeiro-Ministro tem um controlo hierárquico sobre a estrutura de comando do programa espacial. A Comissão Espacial e o Departamento de Estado respondem diretamente perante o Gabinete do Primeiro-Ministro, que é responsável pela direção e

[32] "PTI. (2023, outubro 27). O serviço de satélite OneWeb está pronto para ligar todas as partes do país a partir do próximo mês: Sunil Mittal. The New Indian Express. URL: https://www.newindianexpress.com/business/2023/oct/27/oneweb-satellite-service-ready-to-connect-all-parts-of-the-country-from-next-month-sunil-mittal-2627547.html"

[33] "Sarin & Co. (2021). In review: space law, regulation and policy in India. Lexologia. URL: https://www.lexology.com/library/detail.aspx?g=7f021373-41c9-4e27-b50b-54de0ff3f2f2"

controlo de todas as operações do projeto espacial (Kaul, 2020)[34] . Para além da investigação científica e da exploração de regiões extraterrestres, o principal objetivo do projeto espacial indiano é utilizar a tecnologia espacial em benefício da nação. A Organização de Investigação Espacial Indiana (ISRO) gere uma série de programas para garantir que os cidadãos indianos possam aceder e utilizar facilmente os dados recolhidos pelas missões espaciais. Apesar da iniciativa do governo de legislar sobre as operações espaciais comerciais, a natureza exacta do quadro jurídico que as empresas privadas que operam na economia espacial indiana têm de percorrer continua a ser incerta. O Departamento do Espaço dos Estados Unidos (DOS) apresentou algumas primeiras recomendações num esforço para levar as empresas privadas a gastar mais. O Projeto de Lei das Actividades Espaciais, que tem estado em discussão desde 2017, incorpora alguns destes conceitos. Depois de ter sido promulgada em 2001, a Política de Dados de Deteção Remota (RSDP) foi revista em 2011 para regulamentar as organizações não governamentais (ONG) na Índia. Com a nova RSDP, podem ser solicitados e recebidos dados com uma resolução imparcial de até 1m. O dever de executar a Política de Dados de Deteção Remota (RSDP) cabe ao Departamento de Serviços de Informação e Radiodifusão (DOS), que tem autoridade para determinar o nível de acesso público aos dados de deteção remota. A Política de Dados de Deteção Remota (RSDP) de 2011 permite que as empresas comerciais na Índia utilizem satélites de deteção remota, desde que tenham a necessária autorização do Departamento de Estado (DOS) (Neethu, N. 2020)[35] . Além disso, o Centro Nacional de Deteção Remota (NRSC) e a Antrix Corporation Limited (ACL) têm luz verde para colaborar com empresas internacionais de satélites a fim de recolher ou trocar dados de deteção remota na Índia.

Sridhar, & Sridhar, (2019).[36] O ano de 2019 será marcado pela presença de Hirananda e Hirananda. Este Plano Nacional de Atribuição de Frequências (NFAP) foi desenvolvido em conformidade com o Regulamento das Radiocomunicações da União Internacional das Telecomunicações (UIT) (edição de 2016) e implementado em 2018 pelo Governo indiano. Nenhuma organização pode utilizar o espetro do NFAP sem primeiro obter o

---

[34] "Kaul, R. (2020). Recent Space Reforms in India: Perspectives on Policy and Law. *J. Space L.*, *44*, 450. https://heinonline.org/HOL/LandingPage?handle=hein.journals/jrlsl44&div=26&id=&page="

[35] "Neethu, N. (2020). POLÍTICAS QUE REGEM AS START-UPS ESPACIAIS NA ÍNDIA: LEGAL ISSUES AND CHALLENGES. *Remote Sensing*, *3*(1). https://www.researchgate.net/profile/Neethu-N-2/publication/352157794_Policies_Governing_Space_Start-Ups_in_India_-_Legal_Issues_and_Challenges/s/60bba590299bf10dff9c6114/Policies-Governing-Space-Start-Ups-in-India-Legal-Issues-and-Challenges.pdf"

[36] "Sridhar, V., & Sridhar, V. (2019). Regulação do espetro: caso da banda V. *Políticas e regulamentos emergentes em matéria de TIC: Roadmap to Digital Economies*, 59-78. https:// .springer.com/chapter/10.1007/978-981-32-9022-8_4"

consentimento do Wireless Planning and Coordination Wing (WPCW) do Ministério das Comunicações. Desde 1994, os leilões públicos têm sido utilizados para distribuir acções no sector das telecomunicações indiano, de acordo com a Política Nacional de Telecomunicações de 1994 (NTP 1994). A política governamental de telecomunicações de 1999 definiu muitos objectivos, incluindo a criação da WPCW (Wireless Planning and Coordination Wing) e a atribuição de espetro de acordo com as normas da União Internacional das Telecomunicações (UIT)[37] . As empresas do sector das telecomunicações da Índia deverão pagar ao governo para poderem utilizar as ondas de rádio e o espetro, que ficarão então à disposição dos utilizadores para uma série de serviços móveis; esta legislação permitirá ao governo recuperar os seus custos.

Kasturirangan, (2021)[38] O objetivo fundamental da implementação de uma nova estratégia de telecomunicações em 2012 era fornecer à população da Índia serviços de comunicação eficazes e a preços económicos. O principal objetivo da iniciativa SATCOM da Índia, desde o seu início em 1997, tem sido o de estabelecer um forte sector local de SATCOM e de equipamento terrestre. O plano não proíbe os operadores de utilizarem satélites estrangeiros ou indianos, mas promove a utilização de satélites indianos. Como parte da estratégia, a capacidade de aluguer do INSAT será disponibilizada às empresas. A radiodifusão, as comunicações educativas e de desenvolvimento, as comunicações de segurança para o Ministério da Defesa e as telecomunicações são os quatro principais sectores em que a INSAT oferece os seus serviços para venda ou aluguer. A quantidade de capacidade do INSAT reservada para utilização comercial é ditada pela política SATCOM. Além disso, o DOS pode legalmente celebrar acordos com empresas privadas para serviços que não estejam ligados às telecomunicações. As capacidades do INSAT podem ser alugadas por empresas multinacionais através do DOS. As regras e os regulamentos estabelecidos pelas Nações Unidas e pela União Internacional das Telecomunicações (UIT) devem ser seguidos em todas as actividades, tal como indicado no contrato de arrendamento.

---

[37] "Neethu, N. (2020). POLÍTICAS QUE REGEM AS START-UPS ESPACIAIS NA ÍNDIA: LEGAL ISSUES AND CHALLENGES. *Remote Sensing*, *3*(1). https://www.researchgate.net/profile/Neethu-N-2/publication/352157794_Policies_Governing_Space_Start-Ups_in_India_-_Legal_Issues_and_Challenges/s/60bba590299bf10dff9c6114/Policies-Governing-Space-Start-Ups-in-India-Legal-Issues-and-Challenges.pdf"

[38] "Kasturirangan, K. (2021). India's Space Enterprise: Strategic Thinking and Planning. *Space and Beyond: Professional Voyage of K. Kasturirangan*, 67-87. https:// .springer.com/chapter/10.1007/978-981-33-6510-0_4"

Abhijeet, & Abhijeet, (2020)[39] para que as empresas indianas possam começar a desenvolver um sistema de satélites, têm primeiro de obter um de três tipos distintos de permissões ou autorizações. O Secretariado da CAISS, que concede autorização para o lançamento e a exploração de sistemas de satélites indianos, dará o seu selo de aprovação aos dois primeiros. São enviados ao Secretariado representantes dos seguintes departamentos: Estado, Telecomunicações, Ministério da Informação e da Radiodifusão, Assuntos Internos, Promoção e Política Industrial, e Promoção e Política Industrial. De acordo com os regulamentos SATCOM, apenas as empresas devidamente registadas estão autorizadas a construir sistemas de satélite na Índia. O investimento direto estrangeiro (IDE) na ordem dos 74% é possível para as empresas estabelecidas na Índia. Além disso, as empresas indianas que obtenham todo o investimento direto estrangeiro (IDE) podem ainda adquirir uma licença, desde que se comprometam a manter o seu nível de IDE abaixo do investimento estrangeiro máximo durante cinco anos. A estratégia estabelece que o sistema de satélites deve respeitar todos os tratados e acordos que a Índia assinou a nível internacional. A empresa que pretender utilizar satélites lançados ou construídos na Índia terá prioridade se duas empresas pretenderem utilizar a capacidade do INSAT. O Departamento de Normas (DOS) deve garantir a compatibilidade do sistema de satélites proposto. Ao longo de todo o processo, o plano SATCOM não conseguiu atingir o seu objetivo de igualdade de participação económica devido à falta de transparência e a uma regulamentação governamental excessiva.

Sanyal, & Hashwani, (2022).[40] A regulamentação rigorosa imposta pelo governo indiano está a criar dificuldades operacionais para a indústria das comunicações por satélite. Mesmo o sector privado não está a investir o suficiente neste domínio. As empresas exteriores ao governo não têm sorte quando se trata de entrar no sector devido ao monopólio. Desde a sua criação, em 1997, a Política de Satcom tem sido monitorizada pelo Departamento do Espaço (DoS) para ver como a Organização de Investigação Espacial Indiana (ISRO) a está a implementar. Em resultado desta regra, as empresas, tanto dentro como fora da Índia, são livres de estabelecer e operar a sua própria rede de satélites ou de alugar espaço numa rede já existente. No entanto, as últimas tentativas do governo neste sector ficaram aquém dos seus objectivos. De acordo com este plano,

[39] "Abhijeet, K., & Abhijeet, K. (2020). Regime jurídico das actividades espaciais na Índia. *National Space Legislation for India: Proposal for a Draft Framework*, 87-112. https:// .springer.com/chapter/10.1007/978-981-15-2675-6_4"

[40] "Sanyal, J., & Hashwani, K. (2022, 19 de dezembro). Mudança de cenário das leis de comunicação por satélite na Índia. Trilegal, Bangalore. URL: https://www.ibanet.org/changing-landscape-of-satellite-communication-laws"

nenhum satélite estrangeiro será avaliado para obter direitos ou licenças de aterragem; apenas serão consideradas as naves espaciais indianas. Esta caraterística destina-se apenas aos satélites geoestacionários ou geossíncronos (GSO); não é compatível com os satélites não geoestacionários ou NGSO. Os operadores de satélites indianos não podem utilizar as capacidades das naves espaciais NGSO, uma vez que não dispõem das licenças adequadas. As empresas e os cidadãos indianos estão a ter dificuldades em utilizar tecnologias de ponta, como a Internet por satélite. As empresas indianas que estão interessadas em utilizar os serviços de operadores de satélites estrangeiros podem recorrer à Antrix Corporation, gerida pelo governo. Devido à sobreposição administrativa gerada pela multiplicidade de autoridades reguladoras na Índia, as empresas internacionais têm menos margem de manobra para entrar no mercado indiano. Além disso, serão exigidas licenças específicas às empresas indianas que pretendam fornecer serviços por satélite. Várias agências reguladoras estabelecem critérios e processos específicos para estas aprovações.

2.1 Direito e governação do espaço

Yan, (2019)[41] O direito e a governação espaciais desempenham um papel crucial na regulação das actividades humanas no espaço exterior, assegurando uma cooperação pacífica e abordando os aspectos jurídicos da exploração espacial. A legislação e a governação espaciais na Índia, no âmbito da legislação nacional e das actividades espaciais, ilustram que a Índia dispõe de um quadro jurídico bem definido para reger as suas actividades espaciais. O Departamento do Espaço (DOS), sob a alçada da Comissão Espacial, é responsável pela formulação de políticas e pela supervisão do programa espacial da Índia. O DOS funciona ao abrigo da Lei das Actividades Espaciais, que constitui a base jurídica para as actividades espaciais na Índia. Por outro lado, o documento refere que a Índia é signatária dos principais tratados e acordos internacionais no domínio espacial. O Tratado do Espaço Exterior e outros acordos conexos, incluindo a Convenção sobre a Responsabilidade e a Convenção sobre o Registo, fazem parte integrante do quadro jurídico espacial da Índia. Estes tratados estabelecem os princípios da utilização pacífica do espaço exterior, a responsabilidade pelas actividades espaciais e o registo de objectos espaciais. A responsabilidade e a indemnização implicam que o

[41] "Yan, Y. (2019). Manutenção da sustentabilidade a longo prazo das actividades espaciais exteriores: Criação de um quadro regulamentar para orientar a organização de cooperação espacial Ásia-Pacífico e questões jurídicas selecionadas. *Política Espacial*, *47*, 51-62. https://www.sciencedirect.com/science/article/abs/pii/S0265964617301182"

quadro jurídico espacial da Índia inclui disposições em matéria de responsabilidade e indemnização em caso de danos causados por objectos espaciais. Esta disposição está em conformidade com a Convenção sobre a Responsabilidade, que a Índia ratificou, assegurando que as actividades espaciais da Índia respeitam as normas jurídicas internacionais.

Murtaza, et al., (2020)[42] O desenvolvimento do direito espacial nacional implica que a Índia desenvolveu o seu direito espacial nacional para abordar vários aspectos das actividades espaciais. A Lei das Actividades Espaciais regula os requisitos de licenciamento, responsabilidade e segurança para as actividades espaciais realizadas por entidades governamentais e privadas. Esta lei nacional reflecte o empenho da Índia na exploração espacial e em empreendimentos espaciais comerciais, assegurando simultaneamente o cumprimento das obrigações internacionais. A cibersegurança e a governação espacial prevê que, à medida que as capacidades espaciais da Índia se expandem, o mesmo acontece com as preocupações de cibersegurança na governação espacial. A Índia está a trabalhar no desenvolvimento de leis e regulamentos para proteger os seus bens espaciais das ciberameaças. Estas medidas são cruciais para garantir a segurança e a integridade das infra-estruturas espaciais da Índia. No âmbito da cooperação internacional A Índia participa ativamente na cooperação internacional em matéria de exploração e desenvolvimento do espaço. Estabeleceu parcerias com vários países e agências espaciais em missões de colaboração e projectos de satélites. Esta cooperação está em conformidade com o empenhamento da Índia numa utilização pacífica e equitativa do espaço. Os futuros desafios jurídicos implicam que À medida que as actividades espaciais e os empreendimentos comerciais da Índia continuam a evoluir, podem surgir futuros desafios jurídicos. A resolução de questões relacionadas com a gestão dos detritos espaciais, a utilização dos recursos espaciais e a utilização pacífica do espaço exterior será imperativa no contexto do direito e da governação espaciais indianos.

Mai'a, (2022)[43] A Índia dispõe de um quadro jurídico sólido para as actividades espaciais, centrado na legislação nacional, nas obrigações decorrentes de tratados internacionais, na responsabilidade e compensação, no desenvolvimento do direito espacial nacional, em considerações de cibersegurança, na cooperação internacional e na resposta a futuros

[42] "Murtaza, A., Pirzada, S. J. H., Xu, T., & Jianwei, L. (2020). Ameaça de detritos orbitais para a sustentabilidade espacial e o caminho a seguir. *Acesso IEEE*, *8*, 61000-61019. https://ieeexplore.ieee.org/abstract/document/9028136"

[43] "Mai'a, K. (2022). A segurança espacial e a relação transatlântica. *Politics and Governance*, *10*(2), 134-143. https://www.cogitatiopress.com/politicsandgovernance/article/view/5061/2672"

desafios jurídicos. Estes aspectos jurídicos fazem parte integrante do direito e da governação espaciais da Índia, garantindo que as actividades do país no espaço exterior se alinham com as normas internacionais e defendem o seu compromisso com a utilização pacífica do espaço. Outros aspectos do direito e da governação espaciais internacionais no âmbito do quadro jurídico internacional mostram que o direito espacial, regido principalmente por tratados e acordos internacionais, estabelece o quadro jurídico para as actividades no espaço exterior. O Tratado do Espaço Exterior de 1967, por exemplo, estipula que o espaço exterior é livre para exploração e utilização por todas as nações e não deve ser objeto de apropriação nacional. Este tratado reflecte o princípio jurídico de que o espaço é um bem comum global. A responsabilidade soberana implica que as nações são responsáveis pelas suas actividades no espaço, quer sejam conduzidas por entidades governamentais ou não governamentais. Este princípio impõe a responsabilização nas actividades espaciais, garantindo que os Estados aderem às obrigações e regulamentos internacionais.

Grunert, (2022)[44] Utilização do espaço para fins pacíficos estado O Tratado do Espaço Exterior enfatiza a utilização pacífica do espaço exterior, proibindo a colocação de armas nucleares no espaço. Este aspeto jurídico garante que o espaço continua a ser um domínio de cooperação e exploração científica e não de militarização. A responsabilidade e a compensação implicam que a Convenção sobre a Responsabilidade e a Convenção sobre o Registo estabeleçam princípios legais para a responsabilidade em caso de danos a objectos espaciais e a exigência de as nações registarem os objectos espaciais, contribuindo para a transparência e a responsabilização. As actividades comerciais e a regulamentação nacional mostram que, embora o direito internacional regule as actividades espaciais, muitos países desenvolveram as suas leis espaciais nacionais para regulamentar os empreendimentos espaciais comerciais, concedendo licenças e supervisionando as entidades privadas. Estas leis nacionais reflectem frequentemente compromissos internacionais.

Biden, (2021)[45] A cooperação internacional afirma que o direito espacial incentiva a cooperação internacional na exploração e desenvolvimento do espaço. Esta cooperação pode assumir a forma de missões de colaboração, partilha de dados ou projectos conjuntos

[44] "Grunert, J. (2022). Outer Space Law and the Concept of "Peaceful Purposes" [A Lei do Espaço Exterior e o Conceito de "Fins Pacíficos"]. Em *The United States Space Force and the Future of American Space Policy* (pp. 11-46). Brill Nijhoff". https://brill.com/display/book/9789004524064/BP000002.xml"

[45] "Biden, J. R. (2021). Orientação estratégica de segurança nacional provisória. *Casa Branca*, 8. https://apps.dtic.mil/sti/pdfs/AD1124337.pdf"

de investigação espacial, reforçando a utilização pacífica e equitativa do espaço. Cibersegurança no Espaço mostra que, à medida que as infra-estruturas espaciais se tornam parte integrante da vida quotidiana, os aspectos jurídicos da cibersegurança estão a ganhar proeminência na governação espacial. As nações devem desenvolver leis e regulamentos para proteger os bens espaciais das ciberameaças e garantir a segurança dos dados. O direito e a governação espaciais são essenciais para manter a ordem e garantir a utilização pacífica e responsável do espaço exterior. Proporcionam o quadro jurídico para a cooperação, a responsabilização e a proteção dos bens espaciais, adaptando-se simultaneamente a novos desafios e oportunidades no domínio espacial em constante evolução.

2.2 Tecnologia Internet baseada em constelações de satélites

Vettor, (2023)[46] A tecnologia da Internet baseada em constelações de satélites representa uma inovação pioneira no domínio da conetividade global. Esta abordagem revolucionária implica a implantação de grandes constelações de pequenos satélites na órbita terrestre baixa (LEO), que trabalham em conjunto para fornecer acesso à Internet de alta velocidade e baixa latência a praticamente qualquer ponto do planeta. O cerne desta tecnologia reside na implantação de milhares de pequenos satélites na LEO, formando uma constelação que cobre a Terra. Estes satélites estão estrategicamente posicionados para oferecer uma cobertura global e fornecer dados com um tempo mínimo de deslocação do sinal, o que resulta numa redução acentuada da latência em comparação com os satélites geoestacionários tradicionais. Esta tecnologia aproveita as vantagens do LEO, onde os satélites orbitam a altitudes mais baixas, tornando-os mais próximos da Terra. Esta proximidade traduz-se em várias vantagens tecnológicas, incluindo uma latência significativamente mais baixa, um atraso de sinal reduzido e a capacidade de cobrir eficazmente regiões mal servidas e remotas. Além disso, são utilizados sinais de rádio de alta frequência para facilitar a comunicação entre estes satélites, as estações terrestres e os terminais dos utilizadores. Esta transmissão de sinais de alta frequência permite a transferência rápida e eficiente de dados, contribuindo para velocidades de Internet mais rápidas e uma melhor conetividade para os utilizadores finais.

---

[46] "Vettor, A. (2023). Sistemas espaciais para comunicações ópticas. https://www.research.unipd.it/handle/11577/3472994"

Dai, et al., (2020)[47] Outro aspeto notável da tecnologia da Internet baseada em constelações de satélites é a diversidade que oferece em termos de terminais de utilizadores. Acomoda uma vasta gama de terminais de utilizador, desde as tradicionais estações terrestres até aos terminais de utilizador instalados em aviões, navios e em zonas remotas e de difícil acesso. Esta flexibilidade aumenta a acessibilidade da Internet por satélite, garantindo que mesmo as regiões mais remotas e mal servidas possam beneficiar desta conetividade avançada. Embora a tecnologia apresente uma promessa tecnológica notável, a sua implantação e funcionamento levantam também vários aspectos jurídicos que exigem uma análise cuidadosa. Os desafios regulamentares associados à implantação de grandes constelações de satélites devem ser abordados. Os governos e as organizações internacionais têm de estabelecer diretrizes para a atribuição de espetro, a coordenação de frequências e as operações de satélite para evitar interferências de sinal e garantir a utilização responsável desta tecnologia. Além disso, a tecnologia da Internet baseada em constelações de satélites funciona no âmbito do direito espacial internacional. O Tratado do Espaço Exterior e outros tratados espaciais regem a utilização do espaço exterior, incluindo a implantação de satélites. Os aspectos jurídicos incluem requisitos de registo para objectos espaciais, responsabilidade por detritos espaciais e o compromisso de impedir a militarização do espaço exterior.

Suwijak, & Shouping, (2021)[48] A atribuição do espetro é um aspeto jurídico crucial para as constelações de satélites. Para evitar interferências de sinal, as nações devem coordenar a utilização de bandas de frequência específicas e atribuir recursos de espetro aos operadores de satélites. Ao fazê-lo, asseguram que estas tecnologias podem coexistir harmoniosamente e funcionar de forma eficiente. Além disso, a utilização de constelações de satélites para a conetividade à Internet introduz aspectos jurídicos relacionados com a cibersegurança e a proteção de dados. Garantir a segurança dos dados transmitidos através de redes de satélites e a proteção contra ciberameaças são considerações essenciais na era digital. Como a implantação de constelações de satélites contribui para o problema crescente do lixo espacial, os aspectos jurídicos relacionados com a atenuação do lixo espacial são fundamentais. Os operadores de satélites devem assumir as suas responsabilidades na atenuação do lixo espacial e na prevenção de colisões de satélites,

---

[47] "Dai, C. Q., Zhang, M., Li, C., Zhao, J., & Chen, Q. (2020). Projeto de constelação de satélite inteligente com reconhecimento de QoE na Internet das Coisas por satélite. *IEEE Internet of Things Journal*, *8*(6), 4855-4867. https://ieeexplore.ieee.org/abstract/document/9222141"

[48] "Suwijak, C., & Shouping, L. (2021). Desafios legais para a construção e operação de pequenas constelações de satélites. *JE Asia & Int'l L.*, *14*, 131. https://heinonline.org/HOL/LandingPage?handle=hein.journals/jeasil14&div=12&id=&page="

em conformidade com as obrigações internacionais de manter a sustentabilidade a longo prazo do espaço exterior.

Botezatu, et al., (2023)[49] A tecnologia da Internet baseada em constelações de satélites tem o potencial de transformar a conetividade global, mas também coloca desafios regulamentares, jurídicos e de segurança. Os aspectos jurídicos relacionados com a regulamentação internacional e nacional, a atribuição do espetro, a cibersegurança e a atenuação do lixo espacial devem ser cuidadosamente abordados para garantir a utilização responsável e equitativa desta tecnologia inovadora, salvaguardando simultaneamente a sustentabilidade a longo prazo do espaço exterior e a segurança da transmissão de dados.

2.3 Ameaças à cibersegurança

Peled, et al., (2023)[50] As ameaças à cibersegurança no contexto da tecnologia espacial e dos sistemas Internet baseados em constelações de satélites representam uma preocupação crítica com dimensões tanto tecnológicas como jurídicas. Estas ameaças abrangem uma série de actividades maliciosas destinadas a comprometer a confidencialidade, a integridade e a disponibilidade de dados e serviços nas redes espaciais. As ameaças à cibersegurança incluem o acesso não autorizado, as violações de dados, os ataques de negação de serviço, a injeção de malware e a interceção de informações sensíveis. Estas ameaças podem ter consequências graves, incluindo a interrupção das comunicações por satélite, o roubo de dados e o comprometimento de bens espaciais. No plano jurídico, a resposta a estas ameaças exige uma abordagem multifacetada. O direito espacial internacional, como o Tratado do Espaço Exterior, aborda a necessidade de os países evitarem a contaminação prejudicial do espaço e os danos aos objectos espaciais. No entanto, o direito espacial não abrange de forma exaustiva os aspectos jurídicos da cibersegurança. As leis e regulamentos nacionais entram em jogo, regendo a forma como as infra-estruturas espaciais são protegidas e como as ciberameaças são geridas. Estes aspectos jurídicos abrangem a proteção de dados, a responsabilidade por danos causados por ciberataques e as responsabilidades dos operadores de satélites e dos prestadores de serviços na salvaguarda dos seus sistemas. A necessidade de cooperação internacional em matéria de cibersegurança e de partilha de

[49] "Botezatu, U. E., Bucovetchi, O., Gheorghe, A. V., & Stanciu, R. D. (2023). Fortalecimento da resiliência urbana: Understanding the Interdependencies of Outer Space and Strategic Planning for Sustainable Smart Environments (Compreender as interdependências do espaço exterior e o planeamento estratégico para ambientes inteligentes sustentáveis). *Smart Cities*, *6*(5), 2499-2518. https://www.mdpi.com/2624-6511/6/5/113"

[50] "Peled, R., Aizikovich, E., Habler, E., Elovici, Y., & Shabtai, A. (2023). Evaluating the Security of Satellite Systems. *arXiv preprint arXiv:2312.01330.* https://arxiv.org/abs/2312.01330"

informações para atenuar estas ameaças é também crucial. O desenvolvimento de quadros jurídicos que harmonizem os esforços nacionais e internacionais é um desafio permanente na proteção dos sistemas Internet baseados em constelações de satélites contra as ameaças à cibersegurança.

Henarejos, & Pérez-Neira, (2023)[51] o debate sobre as ameaças à cibersegurança no contexto da tecnologia espacial e dos sistemas de Internet baseados em constelações de satélites aprofunda as complexidades. Estas ameaças colocam um desafio multifacetado, fazendo a ponte entre os domínios da tecnologia e do direito. O espetro das ameaças à cibersegurança abrange uma vasta gama de actividades maliciosas, incluindo o acesso não autorizado, as violações de dados, os ataques de negação de serviço, a injeção de malware e a interceção de informações sensíveis. Estas ameaças são particularmente preocupantes no contexto dos sistemas Internet baseados em constelações de satélites, uma vez que podem ter consequências graves. Tais consequências podem envolver a interrupção das comunicações por satélite, o roubo de dados e o potencial comprometimento de bens espaciais críticos.

Koskina, & Angelopoulou, (2022)[52] De um ponto de vista jurídico, enfrentar estas ameaças torna-se uma tarefa complexa. Embora o direito espacial internacional, nomeadamente o Tratado do Espaço Exterior, sublinhe a importância de evitar a contaminação nociva do espaço e os danos a objectos espaciais, não oferece uma cobertura exaustiva dos aspectos jurídicos da cibersegurança no domínio espacial. As leis e regulamentos nacionais entram em jogo, orientando a forma como as infra-estruturas espaciais são protegidas e como as ciberameaças são geridas. Estes aspectos jurídicos abrangem uma vasta gama de preocupações, incluindo a proteção de dados, a responsabilidade por danos causados por ciberataques e as responsabilidades dos operadores de satélites e dos fornecedores de serviços na proteção dos seus sistemas contra actividades maliciosas. Além disso, nunca é demais salientar a necessidade de cooperação internacional nos esforços de cibersegurança e de partilha de informações para atenuar eficazmente estas ameaças. O desafio reside no desenvolvimento de quadros jurídicos que harmonizem os esforços das nações individuais e das entidades internacionais, garantindo a cibersegurança robusta dos sistemas de Internet baseados em

[51] "Henarejos, P., & Pérez-Neira, A. I. (2023). Segurança baseada em polarização: Safeguarding Wireless Communications at the Physical Layer. *arXiv preprint arXiv:2307.07244*. https://arxiv.org/pdf/2307.07244.pdf"

[52] "Koskina, A., & Angelopoulou, K. (2022). Sustentabilidade espacial no contexto da governação espacial global. *Athena-Critical Inquiries in Law, Philosophy and Globalization*, *2*(1), 29-72. https://athena.unibo.it/article/view/13756/14102"

constelações de satélites, ao mesmo tempo que defendem os princípios do direito espacial e promovem a cooperação global no domínio espacial.

A perspetiva da Índia sobre as ameaças à cibersegurança no quadro do direito espacial e da Internet baseada em constelações de satélites sublinha a natureza multifacetada destes desafios. Com a crescente integração da tecnologia de satélites na vida quotidiana e nas redes de comunicação, a Índia reconhece a necessidade de uma abordagem abrangente para salvaguardar os bens e os dados baseados no espaço, em conformidade com os princípios jurídicos internacionais. De um ponto de vista estratégico, a Índia reconhece que a tecnologia da Internet baseada em constelações de satélites introduz novas dimensões nas ameaças à cibersegurança. Estas ameaças incluem o acesso não autorizado a sistemas de satélite, violações de dados, interferência com sinais de satélite e o potencial comprometimento de infra-estruturas espaciais. A Índia coloca uma forte ênfase na preparação estratégica, entendendo que medidas eficazes de cibersegurança são essenciais para proteger os interesses da nação, incluindo a segurança nacional, a estabilidade económica e a privacidade dos seus cidadãos.

Vettorel, (2023)[53] O quadro jurídico da Índia para fazer face às ameaças à cibersegurança no contexto do direito espacial está ancorado na Lei das Tecnologias da Informação, de 2000, e nas suas alterações subsequentes. Estas disposições legais abrangem uma vasta gama de cibercrimes, incluindo os relacionados com a tecnologia de satélites e as infra-estruturas espaciais. A abordagem da Índia para enfrentar estas ameaças inclui disposições em matéria de responsabilidade, proteção de dados e prevenção de ciberataques a bens espaciais. O país está ativamente empenhado em reforçar o seu quadro jurídico para garantir o seu alinhamento com os princípios do direito espacial internacional e os desafios emergentes em matéria de cibersegurança.

Liu, et al., (2020). [54]A Índia sublinha a importância de salvaguardar a sua soberania nacional e a privacidade dos dados no contexto da Internet baseada em constelações de satélites. Isto inclui a proteção de dados sensíveis transmitidos através de redes espaciais e a garantia da manutenção da privacidade dos seus cidadãos. Os aspectos jurídicos

[53] "Vettorel, A. (2023). Cibersegurança no Novo Espaço: Soft Law e Regulação Privada Transnacional. Em *Rights of Individuals in an Earth Observation and Satellite Navigation Environment* (*Direitos dos indivíduos num ambiente de observação da Terra e navegação por satélite*) (pp. 237-264). Brill Nijhoff. https://brill.com/display/book/9789004685383/BP000011.xml"

[54] "Liu, M., Qu, N., Tang, J., Chen, Y., Song, H., & Gong, F. (2020). Estimativa de sinal em redes de satélites cognitivos para internet industrial das coisas baseada em satélite. *IEEE Transactions on Industrial Informatics*, *17*(3), 2062-2071. https://ieeexplore.ieee.org/abstract/document/9052487"

relacionados com a proteção de dados, a cifragem e a privacidade fazem parte integrante da narrativa da Índia sobre as ameaças à cibersegurança. Reconhecendo a natureza global das ameaças à cibersegurança, a Índia participa ativamente em fóruns e organizações internacionais para enfrentar estes desafios. O país defende normas internacionais de comportamento responsável no ciberespaço e sublinha a importância de defender os princípios da cibersegurança no contexto do direito espacial. A Índia coopera com outras nações na partilha de informações, no intercâmbio de informações sobre ameaças e na criação de capacidades para combater coletivamente as ciberameaças que podem afetar os bens espaciais e os sistemas de Internet baseados em constelações de satélites.

Saxena, A. (2023). [55]A narrativa da Índia sobre as ameaças à cibersegurança no contexto do direito espacial e da Internet baseada em constelações de satélites realça a natureza multifacetada destes desafios e a necessidade de uma abordagem abrangente. A preparação estratégica do país, o quadro jurídico, a ênfase na soberania nacional e na proteção de dados e o envolvimento internacional ativo sublinham o seu empenho em proteger os seus interesses e em garantir um ambiente seguro e estável para as infra-estruturas espaciais e as redes de comunicação. Esta abordagem alinha-se com o compromisso da Índia para com os princípios do direito espacial internacional e da cooperação mundial em matéria de cibersegurança.

2.4 Implicações geopolíticas

Implicações geopolíticas da Internet baseada em constelações de satélites e da cibersegurança: A integração de sistemas de Internet baseados em constelações de satélites e de considerações de cibersegurança no domínio do direito espacial tem implicações geopolíticas significativas (Georgescu, et al., 2020).[56] . Estas implicações são multifacetadas e têm efeitos de grande alcance no panorama geopolítico mundial. Eis alguns aspectos fundamentais a considerar:

[55] "Saxena, A. (2023). Política espacial da Índia e capacidades contra-espaciais. *Strategic Analysis*, 1-13. https://www.tandfonline.com/doi/abs/10.1080/09700161.2023.2191238"

[56] "Georgescu, A., Vevera, A. V., & Cîrnu, C. E. (2020). Infra-estruturas espaciais críticas - uma comparação com CI terrestre. *Infra-estruturas Espaciais: From Risk to Resilience Governance*, *57*, 7. https://books.google.co.in/books?hl=en&lr=&id=i_jtDwAAQBAJ&oi=fnd&pg=PA7&dq=Geopolitical+Implications+of+Satellite+Constellation-Based+Internet+and+Cybersecurity&ots=9C07gihSUk&sig=v1WkWX9sQ83IS6CWmEbiLcDgmMw&redir_esc=y#v=onepage&q&f=false"

1. Concorrência estratégica no espaço:

A implantação de sistemas de Internet baseados em constelações de satélites deu origem a uma nova dimensão de concorrência estratégica no espaço exterior. À medida que as principais nações espaciais investem nestas tecnologias, assiste-se a uma corrida geopolítica para estabelecer o domínio das redes de comunicação espaciais. Esta concorrência pode conduzir a lutas pelo poder, com implicações para a segurança nacional, a influência e o controlo dos recursos espaciais.

2. Acesso à informação global:

A Internet baseada em constelações de satélites tem o potencial de alargar o acesso global à Internet, reduzindo o fosso digital (Graydon, & Parks, 2020)[57] . Geopoliticamente, este facto pode dar poder a países e comunidades que anteriormente estavam mal servidos. Pode conduzir a um reequilíbrio do fluxo de informação e da influência na cena mundial.

3. Soberania e privacidade dos dados:

O tratamento e o armazenamento de grandes quantidades de dados transmitidos através de redes de satélites levantam questões de soberania e privacidade dos dados. As nações estão preocupadas com a proteção dos dados dos seus cidadãos contra o acesso ou a influência estrangeira, o que leva a tensões geopolíticas sobre a governação dos dados e o fluxo de dados transfronteiras.

4. A cibersegurança como alavanca geopolítica:

As preocupações com a cibersegurança no domínio espacial proporcionam às nações uma nova alavanca geopolítica. Os Estados podem utilizar a ameaça de ciberataques a bens espaciais como meio de coerção ou dissuasão, com impacto nas suas relações geopolíticas e na estabilidade regional (Anant, et al., 2020). [58].

[57] "Graydon, M., & Parks, L. (2020). 'Connecting the unconnected': uma avaliação crítica dos serviços de Internet por satélite dos EUA. *Media, Culture & Society*, *42*(2), 260-276. https://journals.sagepub.com/doi/abs/10.1177/0163443719861835"

[58] "Anant, V., Banerjee, S., Li, K., & Boehm, J. (2020). Uma mentalidade dupla de segurança cibernética para o próximo normal. *Mckinsey Digital, recuperado em 17 de outubro de* 2021. https://www.mckinsey.com/~/media/McKinsey/Business%20Functions/Risk/Our%20Insights/A%20dual%20cybersecurity%20mindset%20for%20the%20next%20normal/A-dual-cybersecurity-mindset-for-the-next-normal-vF.pdf"

5. Alianças e cooperação geopolíticas:

As nações estão a formar alianças geopolíticas e acordos de cooperação para enfrentar os desafios espaciais. Estas alianças podem ser tanto competitivas como cooperativas, influenciando o equilíbrio de poder no espaço exterior.

6. Liderança legal e normativa:

Geopoliticamente, liderar o desenvolvimento de normas e regras internacionais para as actividades espaciais é uma forma de exercer influência (Horn, 2023)[59] . As nações que desempenham um papel central na definição do quadro jurídico do direito espacial podem afirmar a sua posição geopolítica.

7. Governação Global e Diplomacia Multilateral:

O direito espacial e a cibersegurança dos sistemas de Internet baseados em constelações de satélites exigem uma estrutura de governação global complexa. A integração da Internet baseada em constelações de satélites e da cibersegurança no domínio do direito espacial tem profundas implicações geopolíticas. Estas implicações abrangem a concorrência estratégica, o acesso à informação global, a soberania dos dados, a cibersegurança como alavanca geopolítica, as alianças geopolíticas, a liderança jurídica e a governação global. A paisagem geopolítica no espaço exterior está a evoluir rapidamente e estas implicações têm o potencial de moldar o futuro das relações internacionais e da cooperação global no domínio espacial.

2.5 Privacidade dos dados e preocupações éticas

A implantação da tecnologia Internet baseada em constelações de satélites, juntamente com a sua intersecção com a cibersegurança, suscita preocupações éticas e de privacidade dos dados. Estas preocupações abrangem uma vasta gama de questões que têm implicações para os indivíduos, os governos e a sociedade em geral. Eis os principais aspectos a considerar:

---

[59] "Horn, M. P. M. (2023). *Análise crítica, do ponto de vista do direito internacional, do quadro regulamentar do Reino Unido para as actividades espaciais e de grande altitude no contexto da evolução tecnológica e das tensões geopolíticas* (dissertação de doutoramento, Universidade de Lincoln). https://eprints.lincoln.ac.uk/id/eprint/57305/"

1. Privacidade e segurança dos dados:

Recolha e armazenamento de dados: As grandes quantidades de dados transmitidos através de redes de satélites, incluindo dados pessoais, de localização e de navegação, podem representar riscos significativos para a privacidade dos dados (Roberts, et al., 2020)[60] . Surgem preocupações éticas relativamente à recolha, armazenamento e tratamento destes dados, bem como ao potencial acesso não autorizado.

2. Direitos de privacidade:

Privacidade individual: A tecnologia da Internet baseada em constelações de satélites permite o rastreio das actividades e localizações dos utilizadores. As preocupações com os direitos individuais à privacidade, incluindo o direito a ser esquecido, surgem à medida que os dados são recolhidos e utilizados para vários fins, incluindo a publicidade e a vigilância.

3. Utilização ética dos dados:

Exploração de dados: As preocupações éticas giram em torno da potencial exploração dos dados dos utilizadores para fins comerciais ou governamentais sem consentimento informado (Ye, & Zhou, 2021)[61] . Torna-se imperativo garantir a transparência na utilização dos dados e aderir a práticas éticas de recolha de dados.

---

[60] "Roberts, M., Beischl, C., & Mosteshar, S. I. (2020). Pequenas constelações de satélites: implicações para a segurança nacional. Em *Handbook of Small Satellites: Technology, Design, Manufacture, Applications, Economics and Regulation* (pp. 863-883). Cham: Springer International Publishing. https:// .springer.com/referenceworkentry/10.1007/978-3-030-36308-6_52"

[61] "Ye, Z., & Zhou, Q. (2021). Indicadores de avaliação de desempenho de redes dinâmicas espaciais sob mecanismo de transmissão. *Espaço: Science & Technology.* https://spj.science.org/doi/full/10.34133/2021/9826517?adobe_mc=MCMID%3D23000605405683999525849378418609464876%7CMCORGID%3D242B6472541199F70A4C98A6%2540AdobeOrg%7CTS%3D1689033600"

4. Vigilância e acesso do governo:

Vigilância governamental: A utilização da tecnologia de satélite para fins de vigilância, especialmente em regimes autoritários, levanta questões éticas sobre o equilíbrio entre a segurança nacional e os direitos individuais.

5. Segurança e violações de dados:

Proteção de dados: As considerações éticas incluem a responsabilidade dos operadores de satélites e dos fornecedores de serviços de protegerem os dados contra ciberataques. As violações podem conduzir a violações significativas da privacidade e a danos para as pessoas.

6. Acesso equitativo e fratura digital:

Equidade global: O fosso digital e a desigualdade de acesso aos serviços de Internet por satélite suscitam preocupações éticas sobre o acesso equitativo à informação e às oportunidades. Colmatar este fosso é um imperativo ético.

7. Governação internacional de dados:

Normas internacionais: A ausência de normas internacionais claras e de padrões éticos para a governação de dados no direito espacial coloca desafios (Viljoen, 2021)[62] . As considerações éticas envolvem o estabelecimento de práticas de dados responsáveis à escala mundial.

8. Tecnologias de dupla utilização:

Militarização e dupla utilização: A potencial natureza de dupla utilização da tecnologia das constelações de satélites, em que as aplicações civis podem também servir objectivos militares, levanta dilemas éticos relacionados com a transparência, a responsabilidade e o desarmamento.

---

62 "Viljoen, S. (2021). Uma teoria relacional da governação de dados. *Yale LJ*, *131*, 573. https://heinonline.org/HOL/LandingPage?handle=hein.journals/ylr131&div=12&id=&page="

9. Tomada de decisões éticas:

Algoritmos transparentes: A conceção ética dos algoritmos utilizados na tecnologia das constelações de satélites é crucial. Garantir a transparência dos algoritmos de tomada de decisão e abordar os preconceitos é um imperativo ético.

A integração da Internet baseada em constelações de satélites e da cibersegurança no contexto do direito espacial exige um exame aprofundado da privacidade dos dados e das preocupações éticas. Estas preocupações englobam a recolha e o armazenamento de dados, os direitos de privacidade individuais, a utilização ética dos dados, a vigilância governamental, a segurança dos dados, o acesso equitativo, a governação internacional dos dados, as tecnologias de dupla utilização e a tomada de decisões éticas (Abraham, et al., 2019)[63] É essencial encontrar um equilíbrio entre o avanço tecnológico e as considerações éticas para garantir a utilização responsável e ética da tecnologia da Internet baseada em satélites num mundo global e interligado.

[63] "Abraham, R., Schneider, J., & Vom Brocke, J. (2019). Governação de dados: A concetual framework, structured review, and research agenda. *Revista internacional de gestão da informação, 49*, 424-438. https://www.sciencedirect.com/science/article/abs/pii/S0268401219300787"

CAPÍTULO 3: METODOLOGIA

Este capítulo descreve a metodologia de investigação utilizada para efetuar uma análise crítica da relação entre o direito espacial, a Internet baseada em constelações de satélites e o seu impacto na cibersegurança. A metodologia fornece uma abordagem estruturada para recolher, analisar e interpretar dados para o estudo .[64]

3.1. Conceção da investigação

O estudo segue uma conceção de investigação de método misto, combinando abordagens quantitativas e qualitativas para obter uma compreensão abrangente do assunto em causa[65]. Esta abordagem permite uma análise mais aprofundada das interações complexas entre o direito espacial, a tecnologia dos satélites e a cibersegurança .[66]

Conceção de investigação com métodos mistos:

1. Investigação quantitativa:

a. Inquéritos:

A investigação quantitativa envolve a utilização de inquéritos para recolher dados estruturados de partes interessadas relevantes, incluindo peritos jurídicos, profissionais das tecnologias espaciais e especialistas em cibersegurança[67] . Estes inquéritos são concebidos para obter dados quantitativos sobre questões como o impacto da legislação espacial na implantação de tecnologias de satélites, a avaliação das vulnerabilidades em matéria de cibersegurança e a perceção da eficácia do quadro jurídico e regulamentar.

b. Análise de dados:

Os dados do inquérito recolhidos são submetidos a uma análise estatística, utilizando ferramentas e técnicas como a análise de regressão e o teste de hipóteses[68] . Esta análise quantitativa permite a identificação de padrões, tendências e correlações nos dados, oferecendo uma perspetiva estatística sobre as questões de investigação.

---

64 "Daniel, B. K. (2022). O papel da metodologia de investigação na melhoria da experiência de investigação dos estudantes de pós-graduação. Electronic Journal of Business Research Methods, 20(1), 34-48. https://doi.org/10.34190/ejbrm.20.1.2253"

65 "Cuervo-Cazurra, A., Mudambi, R., Pedersen, T., & Piscitello, L. (2017). Metodologia de pesquisa em pesquisa de estratégia global. Global Strategy Journal, 7(3), 233-240. https://doi.org/10.1002/gsj.1164"

66 "Wohlin, C., & Runeson, P. (2021). Orientando a seleção da metodologia de pesquisa na colaboração indústria-academia em engenharia de software. Tecnologia da Informação e Software, 140. https://doi.org/10.1016/j.infsof.2021.106678"

67 "Mellinger, C. D., & Hanson, T. A. (2020). Considerações metodológicas para a investigação por inquérito: Validade, fiabilidade e análise quantitativa. Linguistica Antverpiensia, Nova Série - Temas em Estudos de Tradução, 19, 172-190. https://doi.org/10.52034/lanstts.v19i0.549"

68 "Whittemore, R., & Knafl, K. (2005, dezembro). A revisão integrativa: Metodologia actualizada. Journal of Advanced Nursing. https://doi.org/10.1111/j.1365-2648.2005.03621.x"

2. Investigação qualitativa:

a. Entrevistas em profundidade:

A investigação qualitativa é realizada através de entrevistas aprofundadas com peritos na matéria, decisores políticos, juristas e indivíduos com experiência direta em direito espacial, tecnologia de satélites e cibersegurança[69] . Estas entrevistas são abertas, permitindo uma exploração aprofundada de temas complexos, incluindo as considerações éticas, as nuances jurídicas e os desafios práticos que rodeiam o assunto.

b. Análise de conteúdo:

Os dados qualitativos recolhidos a partir das entrevistas, bem como de uma extensa revisão da literatura, textos jurídicos e documentos políticos, são objeto de análise de conteúdo. Este processo envolve a identificação dos principais temas, conceitos e narrativas que emergem dos dados qualitativos. Inclui também o exame dos discursos e argumentos apresentados na literatura e nos documentos jurídicos.

c. Estudos de casos:

O estudo inclui estudos de casos de incidentes notáveis de cibersegurança, bem como casos de aplicação do direito espacial ou de resolução de litígios. Estes estudos de casos fornecem um contexto real e ilustrações práticas das interações entre o direito espacial, a tecnologia dos satélites e a cibersegurança.

3. Integração de resultados quantitativos e qualitativos:

A abordagem de métodos mistos permite a integração de resultados quantitativos e qualitativos[70] . Esta integração garante que a investigação explora as complexidades do assunto de forma abrangente, proporcionando uma compreensão completa da interação entre o direito espacial, a tecnologia dos satélites e a cibersegurança.

A conceção de investigação de método misto adoptada neste estudo oferece uma abordagem robusta e holística para examinar as intrincadas relações entre o direito espacial, a tecnologia de satélites e a cibersegurança. Combinando os pontos fortes da análise de dados quantitativos e da exploração qualitativa aprofundada, a investigação visa lançar luz sobre os aspectos multifacetados desta matéria complexa. Os capítulos subsequentes utilizarão os resultados de ambos os métodos de investigação para fornecer uma análise abrangente e crítica do tema, apresentando informações valiosas sobre as intersecções entre o direito espacial, a tecnologia de satélites e a cibersegurança.

---

[69] "Turner, D. W. (2010). Conceção de entrevistas qualitativas: Um guia prático para investigadores principiantes. Qualitative Report, 15(3), 754-760. https://doi.org/10.46743/2160-3715/2010.1178"

[70] "Matović, N., & Ovesni, K. (2023). Interação da metodologia quantitativa e qualitativa na investigação de métodos mistos: integração e/ou combinação. International Journal of Social Research Methodology, 26(1), 51-65. https://doi.org/10.1080/13645579.2021.1964857"

3.2. Métodos de recolha de dados

Recolha de dados quantitativos

Inquéritos: Será administrado um questionário estruturado a peritos nos domínios do direito espacial, da tecnologia de satélites e da cibersegurança para recolher dados quantitativos. O inquérito centrar-se-á na avaliação do estado atual do direito espacial, das mega-constelações de satélites e do seu potencial impacto na cibersegurança.

Justificação dos inquéritos:

Recolha objetiva de dados: Os inquéritos oferecem uma abordagem estruturada e objetiva para a recolha de dados.[71] Permitem a medição sistemática de variáveis e aspectos específicos do tema de investigação.

Percepções quantitativas: Os inquéritos são particularmente eficazes na produção de dados quantitativos, que são essenciais para avaliar tendências, padrões e relações estatísticas no âmbito do assunto em questão.

Opiniões de peritos: O inquérito destina-se a peritos e profissionais nos domínios do direito espacial, da tecnologia de satélites e da cibersegurança. Esta abordagem garante que os dados recolhidos se baseiam em opiniões informadas e conhecimentos especializados.

Estrutura do inquérito:

O questionário do inquérito será cuidadosamente estruturado para abordar aspectos fundamentais relacionados com o direito espacial, as mega-constelações de satélites e a cibersegurança:

Direito espacial: As perguntas desta secção procurarão compreender o estado atual do direito espacial, incluindo acordos internacionais, legislação nacional e quadros regulamentares. Os inquiridos serão convidados a fornecer avaliações quantitativas da eficácia e adequação das disposições legais existentes.

Mega-constelações de satélites: Esta secção centrar-se-á no impacto das mega-constelações de satélites nas actividades espaciais. As perguntas do inquérito avaliarão a escala das implantações de satélites, as suas aplicações e o nível de cooperação e coordenação entre as nações.

[71] "Ganesha, H. R., & Aithal, P. S. (2022). Como escolher um método de coleta de dados de pesquisa apropriado e uma escolha de método entre vários métodos de coleta de dados de pesquisa e escolhas de método durante o doutorado. programa na Índia? International Journal of Management, Technology, and Social Sciences, 455-489. https://doi.org/10.47992/ijmts.2581.6012.0233"

Implicações para a cibersegurança: Será pedido aos inquiridos que avaliem quantitativamente as potenciais implicações para a cibersegurança das mega-constelações de satélites. Isto incluirá questões sobre vulnerabilidades, ameaças potenciais e a eficácia das actuais medidas de cibersegurança.

Estratégia de amostragem:

O inquérito visará uma amostra intencional de peritos e profissionais que possuam conhecimentos e experiência aprofundados nos domínios do direito espacial, da tecnologia de satélites e da cibersegurança. Esta amostra garantirá que os dados recolhidos sejam relevantes e informados.

Análise de dados:

Os dados quantitativos dos inquéritos serão submetidos a uma análise estatística rigorosa. Serão utilizadas técnicas como a estatística descritiva, a análise de regressão e o teste de hipóteses para descobrir tendências, padrões e correlações nos dados.

A utilização de inquéritos como método de recolha de dados quantitativos nesta investigação proporciona uma abordagem sistemática e objetiva para avaliar o estado atual do direito espacial, o impacto das mega-constelações de satélites e as suas implicações para a cibersegurança. Esta abordagem garante que a investigação se baseia em dados empíricos e fornece informações quantitativas sobre as interações complexas entre estes domínios.

Recolha de dados qualitativos

Entrevistas: Serão realizadas entrevistas aprofundadas com as principais partes interessadas, incluindo peritos jurídicos, peritos em tecnologia e funcionários governamentais, a fim de obter informações qualitativas sobre os aspectos matizados do direito espacial, da tecnologia de satélites e da cibersegurança[72] . Estas entrevistas proporcionarão uma compreensão mais profunda das relações e dos desafios envolvidos. Através destas entrevistas, o estudo visa obter uma compreensão mais profunda das intrincadas relações, desafios e dinâmicas em jogo nestes domínios.

Justificação das entrevistas:

Informações ricas e contextualizadas: As entrevistas proporcionam a oportunidade de contactar diretamente com especialistas e profissionais na matéria[73] . Esta abordagem

[72] "Galanis, P. (2018). Métodos de recolha de dados na investigação qualitativa. Arquivos de Medicina Helénica, 35(2), 268-277".

[73] "Johnson, J. L., Adkins, D., & Chauvin, S. (2020, 1 de janeiro). Uma revisão dos indicadores de qualidade de rigor na investigação qualitativa. Jornal Americano de Educação Farmacêutica. Associação Americana de Faculdades de Farmácia. https://doi.org/10.5688/ajpe7120"

qualitativa permite uma exploração rica e contextual do assunto, possibilitando uma compreensão matizada de questões complexas.

Perspectivas de especialistas: As entrevistas garantem que a investigação beneficia dos conhecimentos e da experiência das principais partes interessadas. Ao contactar com especialistas nos respectivos domínios, o estudo capta opiniões informadas, perspectivas e perspectivas de especialistas.

Exploração de questões complexas: O direito espacial, a tecnologia de satélites e a cibersegurança envolvem desafios multifacetados e muitas vezes intrincados. As entrevistas proporcionam uma plataforma para uma análise pormenorizada destas complexidades, oferecendo perspectivas que os dados quantitativos, por si só, podem não revelar.

Estrutura da entrevista:

As entrevistas serão cuidadosamente estruturadas para explorar os seguintes domínios-chave

Direito espacial: Os entrevistados serão convidados a fornecer informações sobre o estado atual do direito espacial, incluindo as suas avaliações dos acordos internacionais, da legislação nacional e do panorama regulamentar. Serão encorajados a elaborar sobre os pontos fortes e fracos dos quadros jurídicos existentes.

Tecnologia de satélites: Esta secção abordará as mega-constelações de satélites, as suas aplicações e as implicações para as actividades espaciais. Os entrevistados serão convidados a partilhar as suas perspectivas sobre os avanços tecnológicos, a coordenação entre as nações e o papel das empresas privadas.

Desafios em matéria de cibersegurança: Os inquiridos serão encorajados a discutir as implicações das mega-constelações de satélites para a cibersegurança. Isto inclui as suas opiniões sobre potenciais vulnerabilidades, ameaças e a eficácia das actuais medidas de cibersegurança. Podem também ser exploradas considerações éticas relacionadas com a privacidade e a segurança dos dados.

Aspectos jurídicos e éticos: Os peritos jurídicos serão convidados a fornecer informações sobre as considerações jurídicas e éticas em matéria de direito espacial, tecnologia de satélites e cibersegurança. Tal pode incluir debates sobre a soberania dos dados, a privacidade e a aplicação de princípios jurídicos internacionais.

Estratégia de amostragem:

A seleção dos entrevistados seguirá uma estratégia de amostragem intencional, visando indivíduos com conhecimentos e experiência nos domínios relevantes. Esta estratégia garante que os dados qualitativos recolhidos são credíveis, relevantes e representativos do assunto em causa.

Análise de dados:

Os dados qualitativos das entrevistas serão objeto de análise de conteúdo. Este processo envolve a identificação e o exame dos principais temas, conceitos e narrativas que emergem das transcrições das entrevistas[74] . Os dados qualitativos serão triangulados com os dados quantitativos dos inquéritos para se obter uma análise abrangente.

Entrevistas aprofundadas com as principais partes interessadas fornecem uma dimensão qualitativa à investigação, permitindo uma exploração matizada das intrincadas relações entre o direito espacial, a tecnologia de satélites e a cibersegurança. Este método de recolha de dados qualitativos garante que o estudo capta a experiência e os conhecimentos dos especialistas na matéria, proporcionando uma compreensão mais profunda da dinâmica complexa destes domínios.

3.3. Amostragem

Será utilizado um método de amostragem intencional para selecionar peritos e partes interessadas nos domínios do direito espacial, da tecnologia de satélites e da cibersegurança[75]. A amostra incluirá indivíduos com vastos conhecimentos e experiência nestes domínios.

Fundamentação da amostragem selectiva:

O método de amostragem escolhido para esta investigação é a amostragem por objectivos, a fim de selecionar peritos e partes interessadas nos domínios do direito espacial, da tecnologia de satélites e da cibersegurança. Este método é particularmente adequado para estudos que visam recolher conhecimentos e competências de indivíduos com vastos conhecimentos e experiência em domínios específicos. As considerações que se seguem sublinham a justificação da escolha da amostragem intencional:

1. Conhecimentos especializados e pareceres fundamentados:

A investigação procura obter uma visão aprofundada de tópicos complexos e especializados relacionados com o direito espacial, a tecnologia de satélites e a cibersegurança. As pessoas com conhecimentos especializados e experiência nestes

[74] "Zahle, J. (2023). Reatividade e bons dados na recolha de dados qualitativos. Revista Europeia de Filosofia da Ciência, 13(1). https://doi.org/10.1007/s13194-023-00514-z"

[75] "Taherdoost, H. (2018). Métodos de amostragem em metodologia de pesquisa; Como escolher uma técnica de amostragem para pesquisa. Revista Eletrónica SSRN. https://doi.org/10.2139/ssrn.3205035"

domínios possuem os conhecimentos necessários para fornecer opiniões informadas e valiosas .[76]

2. Relevância para o foco da investigação:

A amostragem intencional garante que os participantes selecionados têm uma ligação direta com o foco central da investigação. Os seus conhecimentos e experiências são diretamente relevantes para o assunto em questão, aumentando a credibilidade e a aplicabilidade dos dados recolhidos.

3. Diversidade de perspectivas:

Nos domínios do direito espacial, da tecnologia de satélites e da cibersegurança, existem diversas perspectivas e áreas de especialização[77]. A amostragem selectiva permite a seleção de uma série de participantes com diferentes pontos de vista, garantindo uma exploração exaustiva do tema.

Processo de seleção de amostras:

O processo de seleção dos participantes para a amostra da investigação envolve as seguintes etapas:

1. Identificação das principais partes interessadas:

São identificadas as principais partes interessadas nos domínios do direito espacial, da tecnologia de satélites e da cibersegurança. Incluem-se peritos jurídicos, especialistas em tecnologia, funcionários governamentais e outros peritos relevantes.

2. Avaliação de conhecimentos especializados:

As competências e a experiência dos potenciais participantes são avaliadas para garantir que possuem um nível substancial de conhecimentos e experiência prática nos respectivos domínios .[78]

3. Consideração da diversidade:

A diversidade de conhecimentos e perspectivas é tida em conta. Os participantes podem ter diferentes áreas de especialização, incluindo aspectos jurídicos, tecnológicos ou políticos, para garantir uma visão holística dos tópicos de investigação.

---

[76] "Taherdoost, H., Business, H., Sdn, S., Group, C., & Lumpur, K. (2016). Métodos de amostragem em metodologia de pesquisa; Como escolher uma técnica de amostragem para. International Journal of Academic Research in Management (IJARM), 5(2), 18-27".

[77] "Taherdoost, H. (2016). Métodos de amostragem na metodologia de investigação. Revista Internacional de Investigação Académica em Gestão (IJARM), 5(2), 18-27."

[78] "Mukoka, S., Chibhoyi, D., & Machaka, T. (2020). Paradoxo das abordagens de investigação e dos métodos de amostragem: o início do pensamento marginal na metodologia de investigação. Documentos de Trabalho Danubius, 2(1), 33".

4. Consentimento informado:

Os participantes são abordados e informados sobre o objetivo da investigação e o seu papel. O consentimento informado é obtido antes da realização de entrevistas ou da administração de inquéritos.

5. Recolha de dados:

Uma vez selecionados os participantes e obtido o consentimento informado, são realizados os processos de recolha de dados, incluindo entrevistas e inquéritos.

A amostragem selectiva é uma escolha deliberada para esta investigação, uma vez que permite a seleção de indivíduos com conhecimentos e experiência substanciais nos domínios do direito espacial, da tecnologia de satélites e da cibersegurança[79] . Esta abordagem garante que a investigação capta opiniões e perspectivas informadas das pessoas diretamente envolvidas no assunto, aumentando a profundidade e a relevância da investigação.

3.4. Análise dos dados

Análise de dados quantitativos

Análise estatística: Os dados quantitativos recolhidos através de inquéritos serão analisados utilizando ferramentas e software estatísticos para identificar tendências e correlações nas respostas. Esta análise ajudará a quantificar as percepções dos peritos sobre os tópicos em investigação.

Análise estatística:

Os dados quantitativos recolhidos através de inquéritos serão submetidos a uma análise estatística rigorosa[80] . Esta fase da investigação tem como objetivo identificar tendências, padrões e correlações nas respostas, quantificando, em última análise, as percepções e opiniões dos peritos sobre os tópicos em investigação. Os passos seguintes descrevem a abordagem da análise de dados quantitativos:

1. Limpeza de dados:

O primeiro passo envolve a limpeza dos dados, que inclui o exame e a remoção de quaisquer respostas incompletas ou inconsistentes ao inquérito. A integridade dos dados é essencial para uma análise exacta.

---

[79] "Fetters, M. D., Curry, L. A., & Creswell, J. W. (2013). Conseguir a integração em projectos de métodos mistos - Princípios e práticas. Health Services Research, 48(6 PART2), 2134-2156. https://doi.org/10.1111/1475-6773.12117"

[80] "Etikan, I., & Bala, K. (2017). Amostragem e métodos de amostragem. Biometrics & Biostatistics International Journal. Biometrics & Biostatistics International Journal, 5(6), 215-217".

2. Estatísticas descritivas:

Serão utilizadas estatísticas descritivas para fornecer um resumo claro dos dados do inquérito[81]. Isto inclui medidas como a média, a mediana e o desvio padrão, que ajudam a compreender a tendência central e a variabilidade das respostas.

3. Estatística inferencial:

A estatística inferencial será utilizada para tirar conclusões e fazer inferências a partir dos dados do inquérito. Isto inclui técnicas como o teste de hipóteses e a análise de regressão para explorar as relações entre variáveis e testar as hipóteses de investigação.

4. Teste de hipóteses:

Os testes de hipóteses determinarão a significância estatística das relações e diferenças nas respostas[82]. Por exemplo, pode ser utilizado para avaliar se existe uma diferença significativa nas percepções entre peritos de diferentes domínios (direito espacial, tecnologia de satélites, cibersegurança).

5. Análise de Regressão:

A análise de regressão será utilizada para examinar o modo como diversos factores ou variáveis, como o estado atual da legislação espacial, se relacionam com as percepções das implicações da cibersegurança. Esta análise pode ajudar a identificar a força e a direção destas relações.

6. Visualização de dados:

Os dados serão visualizados através de tabelas, gráficos e diagramas para apresentar tendências e padrões de uma forma visualmente compreensível. A visualização ajuda a transmitir dados complexos a um público mais vasto.

7. Comunicação dos resultados:

Os resultados da análise estatística serão comunicados de forma clara e coerente. Isto inclui resumir as principais conclusões, apresentar testes estatísticos e fornecer provas para apoiar as conclusões.

---

[81] "Ragab, M. A., & Arisha, A. (2017). Metodologia de pesquisa em negócios: A Starter's Guide. Management and Organizational Studies, 5(1), 1. https://doi.org/10.5430/mos.v5n1p1"

[82] "Faugier, J., & Sargeant, M. (1997). Amostragem de populações difíceis de alcançar. Journal of Advanced Nursing, 26(4), 790-797. https://doi.org/10.1046/j.1365-2648.1997.00371.x"

8. Discussão e interpretação:

Os resultados quantitativos serão discutidos e interpretados no contexto das questões de investigação. Isto inclui a consideração das implicações dos resultados estatísticos para o objeto de estudo.

A análise de dados quantitativos é uma componente crucial do processo de investigação, fornecendo uma compreensão sistemática e baseada em provas das percepções dos peritos relativamente ao direito espacial, à tecnologia de satélites e à cibersegurança[83] . A utilização de ferramentas e software estatísticos garante que a investigação se baseia em dados empíricos e a análise ajuda a quantificar as percepções e opiniões dos participantes.

Análise de dados qualitativos

Análise temática: Os dados qualitativos das entrevistas serão analisados tematicamente para identificar temas e padrões comuns relacionados com o direito espacial, a tecnologia dos satélites e a cibersegurança. Esta análise fornecerá um contexto qualitativo para o estudo.

Análise temática:

Os dados qualitativos recolhidos nas entrevistas aprofundadas serão objeto de uma análise temática[84] . Esta abordagem de análise de dados qualitativos tem por objetivo identificar temas, padrões e narrativas comuns relacionados com o direito espacial, a tecnologia de satélites e a cibersegurança. A análise temática fornece um contexto qualitativo para o estudo, permitindo uma compreensão mais profunda dos aspectos matizados do assunto em causa. Os passos seguintes descrevem o processo de análise temática:

1. Transcrição de dados:

A primeira etapa consiste em transcrever os dados qualitativos das entrevistas para a forma escrita. Esta transcrição garante que os dados estão num formato adequado para análise.

2. Familiarização com os dados:

Os investigadores familiarizam-se com os dados lendo e relendo as transcrições. Isto ajuda a compreender o conteúdo e o contexto das entrevistas.

[83] "Osuagwu, L. (2020). Métodos de investigação: Issues and Research Diretion. Investigação em Gestão e Negócios, 9(3), 46. https://doi.org/10.5430/bmr.v9n3p46"

[84] "Lee, D. (2022). Capítulo 3. Conceção e metodologia da investigação. In Public Space in Transition (pp. 33-42). transcript Verlag. https://doi.org/10.1515/9783839462324-007"

3. Geração de códigos iniciais:

Os códigos iniciais são criados através da identificação de segmentos significativos dos dados[85]. Estes códigos representam os elementos mais básicos dos dados, tais como frases ou sentenças que captam ideias ou conceitos chave.

4. Identificação do tema:

Os códigos são então organizados em temas mais amplos com base em caraterísticas ou significados partilhados. Isto implica o agrupamento de códigos relacionados para formar temas abrangentes.

5. Revisão e aperfeiçoamento:

Os temas são revistos e aperfeiçoados para garantir que representam com exatidão o conteúdo e o contexto dos dados. Isto pode implicar a revisão das transcrições e dos códigos.

6. Definição e nomeação de temas:

Cada tema é claramente definido e designado de forma a refletir a sua essência[86] . O processo de atribuição de nomes garante que os temas são facilmente identificáveis e compreensíveis.

7. Validação de dados:

Os temas e as conclusões são validados através de referências cruzadas com os dados originais. Isto garante que os temas representam exatamente o conteúdo das entrevistas.

8. Comunicação dos resultados:

Os resultados da análise temática são apresentados de forma clara e organizada. Isto inclui a apresentação dos temas identificados e o fornecimento de citações ilustrativas ou exemplos das entrevistas.

9. Interpretação e discussão:

Os resultados qualitativos são interpretados e discutidos no contexto das questões de investigação e do estudo global. Esta etapa envolve a exploração das implicações e das perspectivas oferecidas pelos temas identificados.

---

[85] "Faryadi, Q. (2019). Processo de escrita de tese de doutoramento: Uma abordagem sistemática - Como escrever a sua metodologia, resultados e conclusão. Educação Criativa, 10(04), 766-783. https://doi.org/10.4236/ce.2019.104057"

[86] "Schneider, B. (2008). Revisão do método de amostragem Experience: Medir a qualidade da vida quotidiana. European Psychologist. Retrieved from http://ovidsp.ovid.com/ovidweb.cgi?T=JS&CSC=Y&NEWS=N&PAGE=fulltext&D=psyc&AN=2008-06444-007"

A análise temática dos dados qualitativos das entrevistas é uma componente vital da investigação, permitindo uma exploração mais profunda dos aspectos matizados do direito espacial, da tecnologia de satélites e da cibersegurança[87] . Ao identificar temas e padrões comuns, esta análise oferece um contexto qualitativo que complementa os dados quantitativos, proporcionando uma compreensão abrangente e multifacetada do assunto em causa.

3.5. Considerações éticas

A investigação respeitará as orientações éticas, garantindo a confidencialidade e o anonimato dos participantes. Será obtido o consentimento informado de todos os entrevistados e a investigação respeitará os princípios éticos relacionados com a recolha e a comunicação de dados.

3.6. Limitações da investigação

O estudo pode ter limitações relacionadas com a disponibilidade de peritos para entrevistas, a natureza dinâmica do direito e da tecnologia espaciais e potenciais enviesamentos nas respostas aos inquéritos. Estas limitações serão reconhecidas e abordadas.

[87] "Ligita, T., Harvey, N., Wicking, K., Nurjannah, I., & Francis, K. (2020). Um exemplo prático de utilização de amostragem teórica ao longo de um estudo de teoria fundamentada: A methodological paper. Qualitative Research Journal, 20(1), 116-126. https://doi.org/10.1108/QRJ-07-2019-0059"

CAPÍTULO 4: ANÁLISE E INTERPRETAÇÃO DOS DADOS

4.1. Introdução à análise de dados

Este capítulo discute a importância da análise de dados na análise do direito espacial, em particular da Internet baseada em constelações de satélites e das suas implicações para a cibersegurança. A conceção e a metodologia da investigação são delineadas, salientando a necessidade de examinar a intersecção entre o direito espacial, as constelações de satélites e a cibersegurança[88] . O estudo utiliza quadros jurídicos, tratados e acordos internacionais para identificar disposições de cibersegurança no contexto da Internet baseada em constelações de satélites. São utilizadas técnicas de análise qualitativa para explorar os potenciais desafios em matéria de cibersegurança associados à implantação de constelações de satélites, enquanto os métodos de análise quantitativa avaliam o impacto da Internet baseada em constelações de satélites nas medidas de cibersegurança[89] . O capítulo integra perspectivas interdisciplinares do direito espacial, da cibersegurança e da política de telecomunicações para proporcionar uma compreensão holística de questões complexas. As conclusões são sintetizadas de modo a oferecer recomendações acionáveis aos decisores políticos, às partes interessadas da indústria e aos profissionais do direito para melhorar a resiliência da cibersegurança na era da Internet baseada em constelações de satélites.

4.2. Análise dos dados recolhidos

O estudo teve como objetivo analisar criticamente a intersecção entre o direito espacial, a tecnologia da Internet baseada em constelações de satélites e o seu impacto na cibersegurança. A investigação utilizou uma abordagem de métodos mistos, combinando dados quantitativos e qualitativos. O questionário estruturado permitiu a recolha de dados quantitativos e qualitativos, permitindo aos participantes exprimir pontos de vista diferenciados. A análise quantitativa envolveu questões de escala de Likert, comparando as respostas entre grupos expostos e não expostos a informações sobre o direito espacial. A análise temática foi utilizada para as perguntas abertas, identificando temas e padrões

[88] "Ansari et al. (2022). A study on Research Design and its Types. Revista Internacional de Investigação em Engenharia e Tecnologia (IRJET), 9(7), 1132-1135. Recuperado de www.irjet.net"
[89] "Akinyode, B. F., & Khan, T. H. (2018). Abordagem passo a passo para análise de dados qualitativos. Revista Internacional de Ambiente Construído e Sustentabilidade, 5(3). https://doi.org/10.11113/ijbes.v5.n3.267"

recorrentes nas respostas dos participantes[90]. Foi incluído um total de 100 participantes no estudo, garantindo uma amostra equilibrada e representativa para análise. Foi efectuado um teste de hipóteses para determinar se a exposição a informações sobre o direito espacial influencia as percepções dos participantes. Os resultados do teste t não pareado foram interpretados em termos de significância estatística. Este capítulo apresenta uma análise pormenorizada dos resultados quantitativos e qualitativos, lançando luz sobre as relações complexas entre o direito espacial, a tecnologia de satélites e a cibersegurança. As secções seguintes aprofundarão aspectos específicos da análise, fornecendo informações sobre as percepções dos participantes, as tendências e as potenciais implicações para a política e a prática neste domínio.

4.3. Descrição do questionário estruturado

Um questionário estruturado é uma ferramenta de investigação com perguntas pré-definidas para recolher informações específicas dos inquiridos num formato normalizado. Utiliza perguntas fechadas com opções de resposta fixas, ao contrário das perguntas abertas. Os principais componentes incluem uma introdução, perguntas demográficas, perguntas principais, perguntas de escala de etiquetas, secções adicionais para comentários ou feedback adicionais e uma declaração de encerramento. Estes questionários são valiosos para a investigação quantitativa, uma vez que permitem a recolha e análise sistemática de dados, fornecendo dados padronizados para facilitar a comparação e a análise. Também facilitam o processamento eficiente dos dados e a análise estatística, conduzindo a resultados de investigação mais sólidos. Os principais componentes do questionário incluem uma introdução, questões demográficas, questões principais, questões de escala de etiquetas, secções adicionais e uma declaração de encerramento.

---

[90] "Nowell, L. S., Norris, J. M., White, D. E., & Moules, N. J. (2017). Análise Temática: Esforçando-se para atender aos critérios de confiabilidade. Revista Internacional de Métodos Qualitativos, 16(1). https://doi.org/10.1177/1609406917733847"

SI.NO.	Perguntas
1.	Nome
2.	Idade
3.	Género
4.	Ocupação
5.	A cooperação internacional é necessária para atenuar os riscos de cibersegurança associados à Internet baseada em constelações de satélites.
6.	A atual legislação espacial aborda adequadamente os desafios colocados pela Internet baseada em constelações de satélites para a cibersegurança.
7.	A Internet baseada em constelações de satélites não tem um impacto significativo nas ameaças à cibersegurança.
8.	Não há necessidade de regulamentação específica que regule a Internet baseada em constelações de satélites para responder às preocupações de cibersegurança.
9.	A atual legislação espacial protege adequadamente contra ciberataques que visam a Internet baseada em constelações de satélites.
10.	A infraestrutura da Internet baseada em constelações de satélites é inerentemente segura contra ciberameaças.
11.	É necessária a colaboração entre as partes interessadas internacionais para enfrentar os desafios de cibersegurança associados à Internet baseada em constelações de satélites
12.	A implantação da Internet com base em constelações de satélites deve dar prioridade à cibersegurança em detrimento da acessibilidade e dos custos.

13.	A atual legislação internacional aborda adequadamente as questões de jurisdição jurídica relacionadas com os cibercrimes cometidos através da Internet baseada em constelações de satélites.
14.	Os benefícios de uma Internet baseada em constelações de satélites superam os riscos de cibersegurança que esta apresenta.
15.	O público está suficientemente sensibilizado para as implicações da Internet baseada em constelações de satélites em termos de cibersegurança
16.	Em que medida concorda que a atual legislação espacial responde eficazmente aos desafios regulamentares associados aos sistemas Internet baseados em constelações de satélites em termos de preocupações com a cibersegurança?
17.	Em que medida acredita que a integração do direito espacial, da tecnologia da Internet via satélite e dos princípios da cibersegurança pode contribuir para estabelecer um modelo de governação que promova a paz mundial e a dissuasão cibernética?
18.	Em que medida concorda que as ciberameaças emergentes representam riscos significativos para as infra-estruturas da Internet via satélite, exigindo a aplicação de medidas jurídicas e de segurança sólidas?
19.	Qual é a sua perceção do impacto das variações das legislações espaciais nacionais e da regulamentação em matéria de cibersegurança na implantação e funcionamento dos sistemas de Internet por satélite?
20.	Em que medida concorda que a harmonização das normas jurídicas e de segurança entre as nações pode reforçar a colaboração internacional no domínio da tecnologia da Internet via satélite?
21.	Em que medida considera que a atual legislação espacial protege adequadamente os bens espaciais de potenciais ciberameaças que visem as infra-estruturas de Internet por satélite?

22.	Em que medida concorda que um quadro holístico de segurança jurídica é essencial para atenuar os riscos cibernéticos associados aos sistemas Internet baseados em constelações de satélites?
23.	Qual é a sua opinião sobre a necessidade de um acesso equitativo aos serviços de Internet por satélite e considera que o direito espacial desempenha um papel crucial para garantir esse acesso?
24.	H1: O atual quadro jurídico espacial e o ambiente regulamentar podem abordar eficazmente as questões e perspectivas da tecnologia da Internet baseada em constelações de satélites.
25.	H0: O atual quadro jurídico espacial e o ambiente regulamentar não podem abordar eficazmente as questões e perspectivas da tecnologia da Internet baseada em constelações de satélites
26.	O que pensa do atual quadro regulamentar que rege os serviços de Internet baseados em constelações de satélites, nomeadamente no que se refere às preocupações com a cibersegurança?
27.	Na sua opinião, quais são os desafios ou as lacunas mais importantes da legislação espacial em vigor no que respeita às questões de cibersegurança associadas aos sistemas de Internet por satélite?
28.	Qual é a sua opinião sobre o papel da colaboração internacional no reforço da segurança das redes Internet baseadas em constelações de satélites e na atenuação das ciberameaças à escala mundial?
29.	Pode dar exemplos de potenciais ciberameaças ou vulnerabilidades específicas da infraestrutura da Internet por satélite que, na sua opinião, não são adequadamente tratadas pelos actuais quadros jurídicos?
30.	Na sua perspetiva, que medidas ou políticas devem ser aplicadas para garantir a utilização responsável e segura das tecnologias Internet baseadas em constelações de satélites, minimizando simultaneamente os potenciais riscos para a cibersegurança?

4.4. Apresentação dos dados das respostas ao questionário

Importância da cooperação internacional para a atenuação da cibersegurança

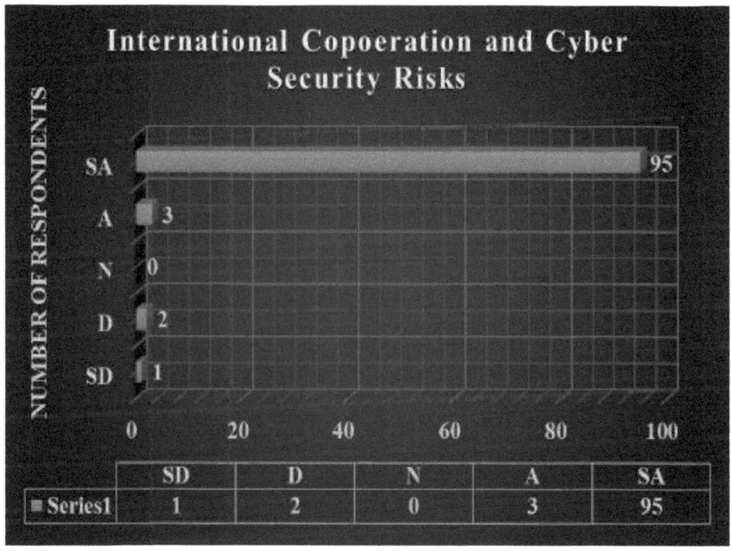

	SD	D	N	A	SA
Series1	1	2	0	3	95

A maioria dos inquiridos concorda plenamente com a afirmação "A cooperação internacional é necessária para atenuar os riscos de cibersegurança associados à Internet baseada em constelações de satélites", o que indica um elevado nível de consenso sobre a importância da cooperação internacional na abordagem destes riscos. Este elevado nível de concordância sugere um reconhecimento da natureza interligada das ameaças à cibersegurança nos sistemas de Internet por satélite e sublinha a necessidade de esforços de colaboração entre as nações para enfrentar eficazmente estes riscos. Os dados mostram também um mínimo de desacordo, com apenas uma pequena percentagem de inquiridos a expressar desacordo ou neutralidade em relação à afirmação, indicando um consenso geral sobre o papel fundamental da cooperação internacional na abordagem dos desafios da cibersegurança nos sistemas Internet baseados em constelações de satélites.

Eficácia regulamentar da atual legislação espacial na resposta aos desafios da cibersegurança

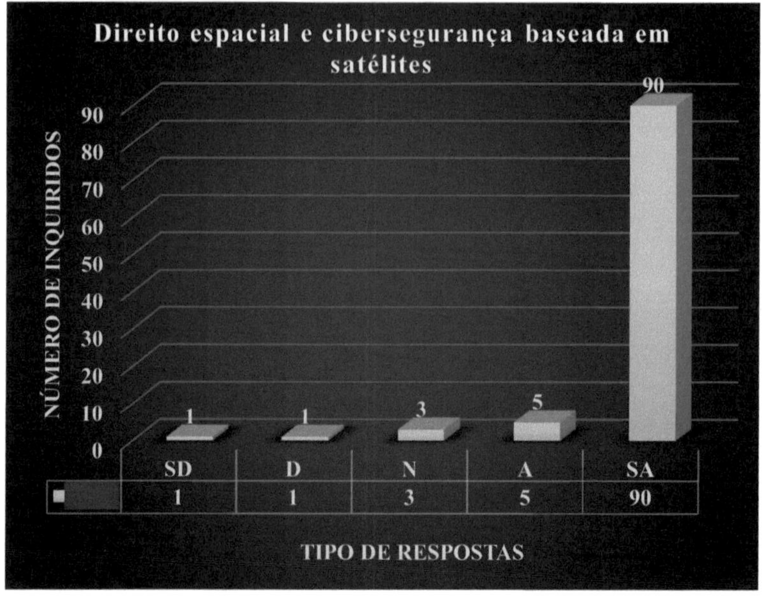

A maioria dos inquiridos concorda plenamente (SA: 90%) que a atual legislação espacial aborda adequadamente os desafios colocados pela Internet baseada em constelações de satélites no que respeita à cibersegurança. Isto indica um elevado nível de confiança na eficácia do atual quadro jurídico na gestão dos riscos de cibersegurança associados aos sistemas de Internet via satélite. No entanto, há uma percentagem notável de inquiridos que manifestam concordância (A: 5%) e neutralidade (N: 3%) em relação a esta afirmação, o que sugere que algumas pessoas podem ter reservas ou incertezas quanto à suficiência da atual legislação espacial para enfrentar os desafios de cibersegurança relacionados com a Internet por satélite. Apenas uma pequena percentagem de inquiridos discorda (D: 1%) ou discorda totalmente (SD: 1%) da afirmação, o que indica que a esmagadora maioria considera que a atual legislação espacial é adequada para atenuar os riscos de cibersegurança associados à Internet baseada em constelações de satélites.

De um modo geral, os dados sugerem um elevado nível de confiança no quadro regulamentar proporcionado pela atual legislação espacial para enfrentar os desafios da cibersegurança no contexto da tecnologia da Internet via satélite.

Impacto percebido da Internet baseada em constelações de satélites nos riscos de cibersegurança

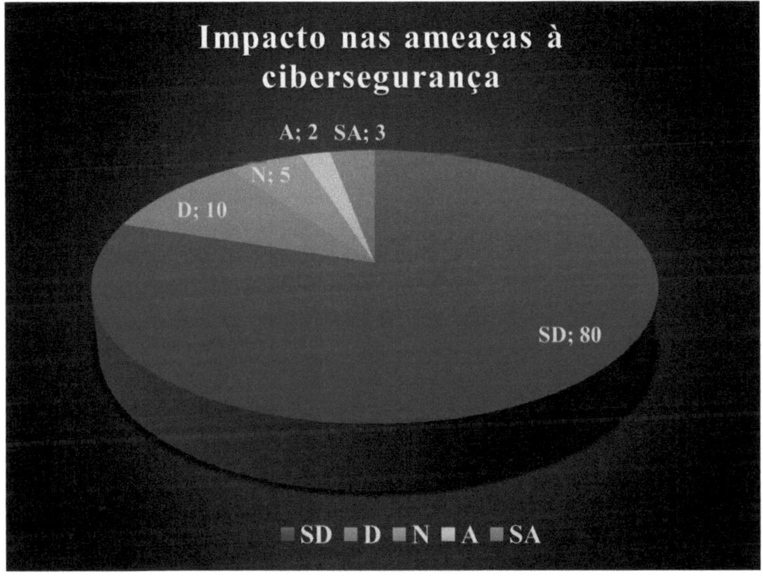

Os dados mostram que a maioria dos inquiridos discorda totalmente (DP: 80%) de que a Internet baseada em constelações de satélites não tem um impacto significativo nas ameaças à cibersegurança. Isto indica uma forte convicção entre os inquiridos de que a Internet baseada em constelações de satélites tem, de facto, um impacto significativo nas ameaças à cibersegurança. Uma pequena percentagem de inquiridos (D: 10%) discorda da afirmação, o que sugere que acreditam que a Internet baseada em constelações de satélites tem algum impacto nas ameaças à cibersegurança, embora possam não o considerar significativo. Uma percentagem muito pequena de inquiridos manifesta neutralidade (N: 5%) em relação à afirmação, indicando incerteza quanto ao impacto da Internet baseada em constelações de satélites nas ameaças à cibersegurança. Apenas alguns inquiridos concordam (A: 2%) ou concordam fortemente (SA: 3%) com a afirmação, sugerindo que acreditam que a Internet baseada em constelações de satélites tem pouco ou nenhum impacto nas ameaças à cibersegurança. De um modo geral, a esmagadora maioria dos inquiridos considera que a Internet baseada em constelações de satélites tem um impacto significativo nas ameaças à cibersegurança, havendo apenas uma pequena minoria que manifesta opiniões divergentes.

Necessidade de regulamentação específica para resolver os problemas de cibersegurança na Internet por satélite

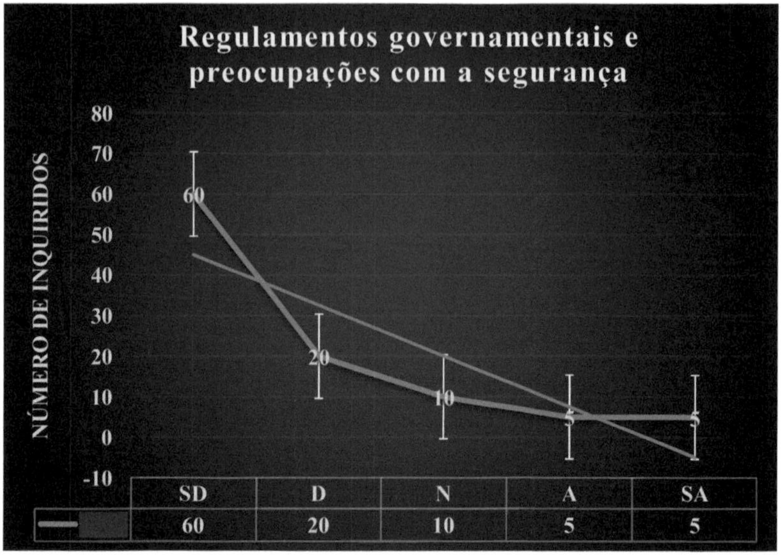

Os dados indicam que a maioria dos inquiridos discorda (DP: 60%) da afirmação de que não há necessidade de regulamentação específica para a Internet baseada em constelações de satélites para resolver os problemas de cibersegurança. Isto sugere que a maioria dos inquiridos considera que é efetivamente necessária regulamentação específica para resolver os problemas de cibersegurança associados à Internet baseada em constelações de satélites. Uma parte significativa dos inquiridos (D: 20%) também discorda da afirmação, embora em menor grau do que os que discordam fortemente. Isto apoia ainda mais a noção de que muitos inquiridos consideram necessária regulamentação que vise as preocupações de cibersegurança relacionadas com a Internet baseada em constelações de satélites. Uma percentagem menor de inquiridos manifesta neutralidade (N: 10%) em relação à afirmação, indicando alguma incerteza quanto à necessidade de regulamentação específica. Apenas alguns inquiridos concordam (A: 5%) ou concordam fortemente (SA: 5%) com a afirmação, o que sugere que consideram que a regulamentação atual ou as leis gerais são suficientes para resolver os problemas de cibersegurança associados à Internet baseada em constelações de satélites. De um modo geral, a maioria dos inquiridos defende a aplicação de regulamentação específica para resolver os problemas de cibersegurança relacionados com a Internet baseada em constelações de satélites, tendo apenas uma pequena minoria manifestado a sua concordância com a afirmação apresentada.

Confiança na proteção da cibersegurança oferecida pela atual legislação espacial

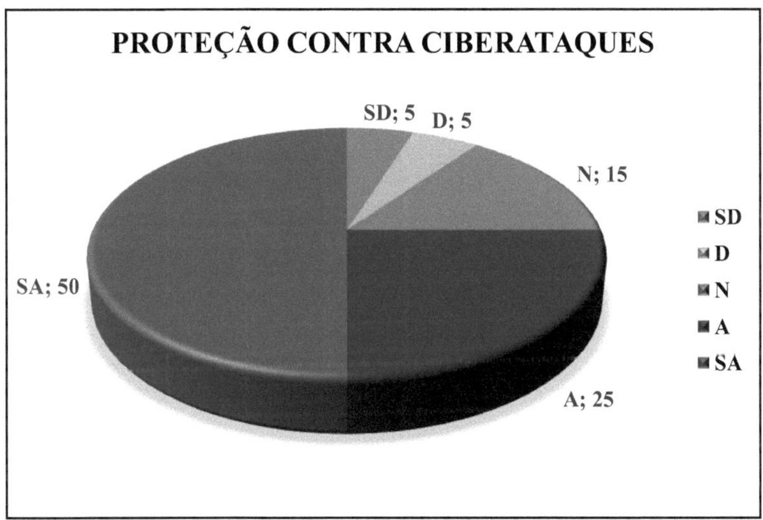

Os dados revelam que uma maioria substancial dos inquiridos concorda plenamente (SA: 50%) com a afirmação de que a atual legislação espacial protege adequadamente contra ciberataques que visam a Internet baseada em constelações de satélites. Isto indica um elevado nível de confiança dos inquiridos na eficácia da legislação espacial em vigor para fazer face às ciberameaças aos sistemas de Internet baseados em satélites. Uma parte significativa dos inquiridos também concorda (A: 25%) com a afirmação, embora em menor grau do que os que concordam fortemente. Isto reforça a ideia de que muitos inquiridos acreditam que a atual legislação espacial oferece uma proteção adequada contra ciberataques que visam a Internet baseada em constelações de satélites. Uma percentagem menor de inquiridos expressa neutralidade (N: 15%) em relação à afirmação, o que sugere alguma incerteza ou falta de consenso quanto à eficácia da atual legislação espacial na proteção dos sistemas de Internet baseados em satélites contra ciberameaças. Uma minoria muito pequena de inquiridos discorda (D: 5%) ou discorda fortemente (SD: 5%) da afirmação, indicando que têm reservas quanto à adequação da atual legislação espacial na proteção contra ciberataques à Internet baseada em constelações de satélites. De um modo geral, a maioria dos inquiridos mostra-se confiante na capacidade da atual legislação espacial para proteger contra ciberameaças que visem sistemas de Internet baseados em satélites, havendo apenas uma minoria que manifesta opiniões discordantes.

Segurança da infraestrutura da Internet por satélite contra as ciberameaças

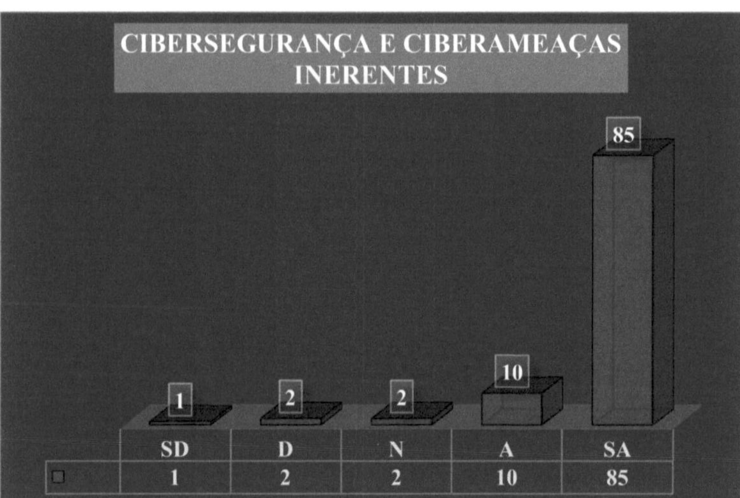

Os dados indicam que a grande maioria dos inquiridos concorda plenamente (SA: 85%) com a afirmação de que a infraestrutura da Internet baseada em constelações de satélites é intrinsecamente segura contra ciberameaças. Isto sugere um elevado nível de confiança dos inquiridos nas medidas de segurança implementadas nos sistemas Internet baseados em satélites. Uma parte significativa dos inquiridos também concorda (A: 10%) com a afirmação, embora em menor grau do que os que concordam fortemente. Isto reforça a ideia de que muitos inquiridos acreditam que as infra-estruturas da Internet baseadas em constelações de satélites são seguras contra ciberameaças. Uma pequena percentagem de inquiridos manifesta neutralidade (N: 2%) em relação à afirmação, o que indica alguma incerteza ou falta de consenso quanto à segurança inerente dos sistemas Internet baseados em satélites contra as ciberameaças. Uma minoria muito pequena de inquiridos discorda (D: 2%) ou discorda fortemente (DP: 1%) da afirmação, o que sugere que têm reservas quanto à segurança inerente das infra-estruturas da Internet baseadas em constelações de satélites contra as ciberameaças. De um modo geral, a esmagadora maioria dos inquiridos mostra-se confiante na segurança inerente aos sistemas Internet baseados em satélites, havendo apenas uma pequena minoria que manifesta opiniões discordantes.

Importância da colaboração internacional para fazer face aos riscos de cibersegurança

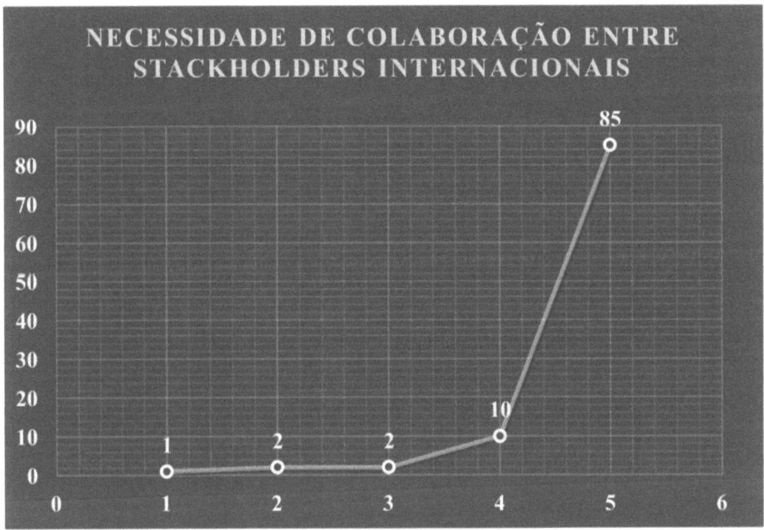

Os dados revelam um forte acordo entre os inquiridos quanto à necessidade de colaboração entre as partes interessadas internacionais para enfrentar os desafios de cibersegurança associados à Internet baseada em constelações de satélites. A maioria dos inquiridos concorda plenamente (SA: 95%) com a afirmação, o que indica um elevado nível de consenso sobre a importância da cooperação internacional na abordagem das questões de cibersegurança relacionadas com os sistemas de Internet por satélite. Uma pequena percentagem de inquiridos concorda (A: 3%) com a afirmação, embora em menor grau do que os que concordam fortemente. Isto reforça a ideia de que muitos inquiridos acreditam na necessidade de colaboração entre as partes interessadas internacionais para enfrentar os desafios da cibersegurança. Uma minoria muito pequena de inquiridos manifesta neutralidade (N: 0%) em relação à afirmação, o que sugere um acordo generalizado entre os inquiridos quanto à importância da colaboração internacional neste contexto. Apenas uma percentagem insignificante de inquiridos discorda (D: 2%) ou discorda fortemente (SD: 1%) da afirmação, indicando que a esmagadora maioria dos inquiridos apoia a ideia da colaboração entre as partes interessadas internacionais para enfrentar os desafios de cibersegurança associados à Internet baseada em constelações de satélites. De um modo geral, os dados sublinham o consenso entre os inquiridos sobre o imperativo da cooperação internacional na resolução dos problemas de cibersegurança relacionados com os sistemas Internet baseados em satélites.

Prioridade da cibersegurança sobre a acessibilidade e o preço acessível na implantação da Internet por satélite.

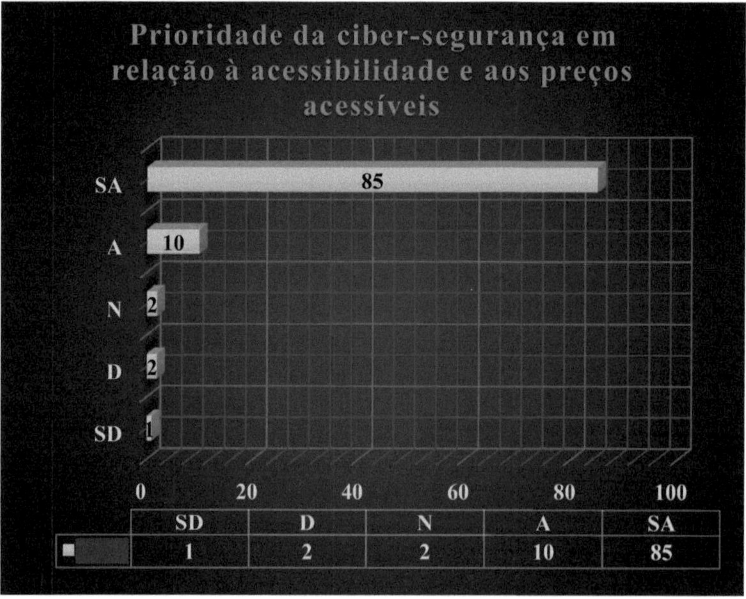

Os dados indicam um forte consenso entre os inquiridos quanto ao facto de a implantação da Internet baseada em constelações de satélites dever dar prioridade à cibersegurança em detrimento da acessibilidade e da acessibilidade económica. A maioria dos inquiridos concorda plenamente (SA: 85%) com a afirmação, o que sugere uma convicção generalizada de que a garantia de medidas sólidas de cibersegurança deve ter precedência sobre as considerações de acessibilidade e de preço na implantação de sistemas de Internet baseados em constelações de satélites. Uma percentagem significativa de inquiridos também concorda (A: 10%) com a afirmação, embora em menor grau do que os que concordam fortemente. Isto reforça a perceção de que muitos inquiridos dão prioridade à cibersegurança como um aspeto fundamental da implantação da Internet via satélite. Apenas uma percentagem insignificante de inquiridos expressa neutralidade (N: 2%) em relação à afirmação, o que indica uma incerteza mínima ou falta de consenso entre uma minoria de inquiridos relativamente à prioridade da cibersegurança. Uma pequena percentagem de inquiridos discorda (D: 2%) da afirmação, o que sugere alguma discordância entre uma minoria de inquiridos que pode dar prioridade a outros factores, como a acessibilidade e a acessibilidade económica, em detrimento da cibersegurança na implantação da Internet por satélite. De um modo geral, os dados revelam uma clara preferência dos inquiridos por dar prioridade à cibersegurança em detrimento da acessibilidade e dos preços acessíveis na implantação de sistemas Internet baseados em constelações de satélites.

Questões jurídicas jurisdicionais relacionadas com os cibercrimes através da Internet por satélite

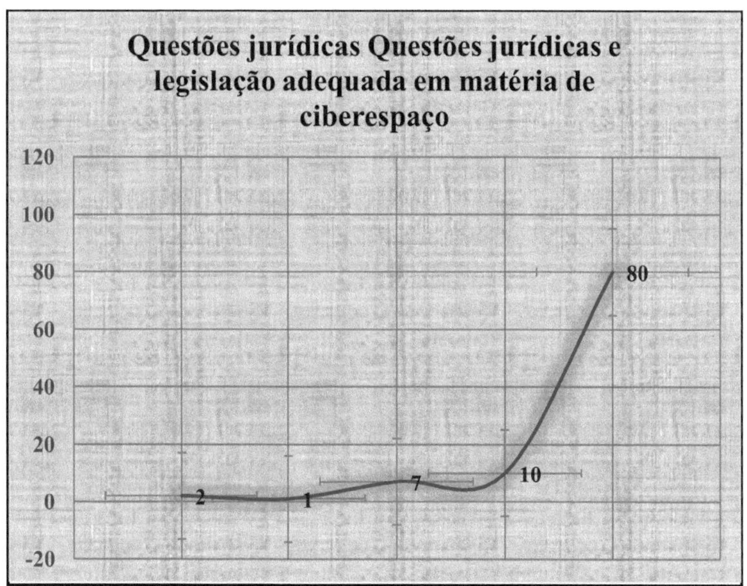

Os dados indicam um forte consenso entre os inquiridos quanto ao facto de as leis internacionais actuais não abordarem adequadamente as questões de jurisdição legal relacionadas com os cibercrimes cometidos através da Internet baseada em constelações de satélites. A maioria dos inquiridos concorda plenamente (SA: 80%) com a afirmação, o que sugere uma perceção generalizada de que os quadros jurídicos internacionais existentes são insuficientes para fazer face aos desafios jurisdicionais colocados pelos cibercrimes que envolvem sistemas de Internet por satélite. Uma percentagem significativa de inquiridos também concorda (A: 10%) com a afirmação, embora em menor grau do que os que concordam fortemente. Isto corrobora a perceção de que muitos inquiridos acreditam na inadequação das actuais leis internacionais para resolver questões de jurisdição neste contexto. Uma percentagem menor de inquiridos expressa neutralidade (N: 7%) em relação à afirmação, o que indica um certo grau de incerteza ou falta de consenso entre uma minoria de inquiridos quanto à adequação dos quadros jurídicos actuais. Apenas uma percentagem insignificante de inquiridos discorda (D: 1%) ou discorda fortemente (SD: 2%) da afirmação, o que sugere que a esmagadora maioria dos inquiridos subscreve a opinião de que as leis internacionais actuais são insuficientes para enfrentar os desafios jurisdicionais relacionados com os cibercrimes que envolvem a Internet baseada em constelações de satélites. De um modo geral, os dados revelam um claro consenso entre os inquiridos quanto à necessidade de melhorar os quadros jurídicos internacionais para resolver as questões jurisdicionais associadas aos cibercrimes no contexto dos sistemas de Internet por satélite.

Avaliação global dos benefícios e riscos da Internet baseada em constelações de satélites

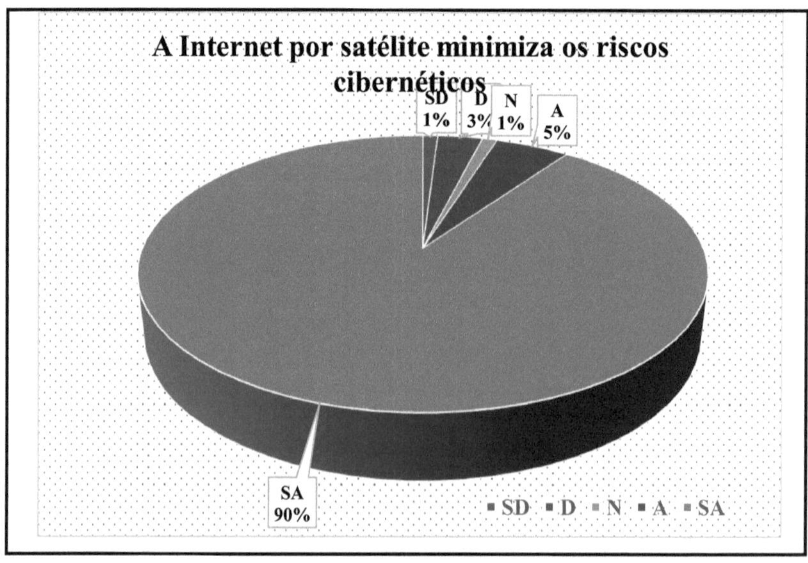

Os dados indicam um forte acordo entre os inquiridos quanto ao facto de os benefícios da Internet baseada em constelações de satélites serem superiores aos riscos de cibersegurança que esta apresenta. A maioria dos inquiridos concorda plenamente (SA: 90%) com a afirmação, o que sugere uma perceção generalizada de que as vantagens oferecidas pelos sistemas de Internet baseados em constelações de satélites são suficientemente substanciais para justificar quaisquer riscos de cibersegurança associados. Uma percentagem significativa de inquiridos também concorda (A: 5%) com a afirmação, embora em menor grau do que os que concordam fortemente. Isto reforça a perceção de que muitos inquiridos acreditam na superioridade global dos benefícios em relação aos riscos. Apenas uma percentagem insignificante de inquiridos expressa neutralidade (N: 1%) em relação à afirmação, o que indica uma incerteza mínima ou falta de consenso entre uma minoria de inquiridos relativamente ao equilíbrio entre benefícios e riscos. Uma pequena percentagem de inquiridos discorda (D: 3%) da afirmação, o que sugere algum ceticismo entre uma minoria de inquiridos quanto à questão de saber se os benefícios compensam verdadeiramente os riscos de cibersegurança. De um modo geral, os dados evidenciam um claro consenso entre os inquiridos quanto à convicção de que as vantagens dos sistemas Internet baseados em constelações de satélites são suficientemente significativas para compensar os riscos de cibersegurança associados para a maioria dos inquiridos.

Sensibilização do público para as implicações da Internet por satélite em termos de cibersegurança

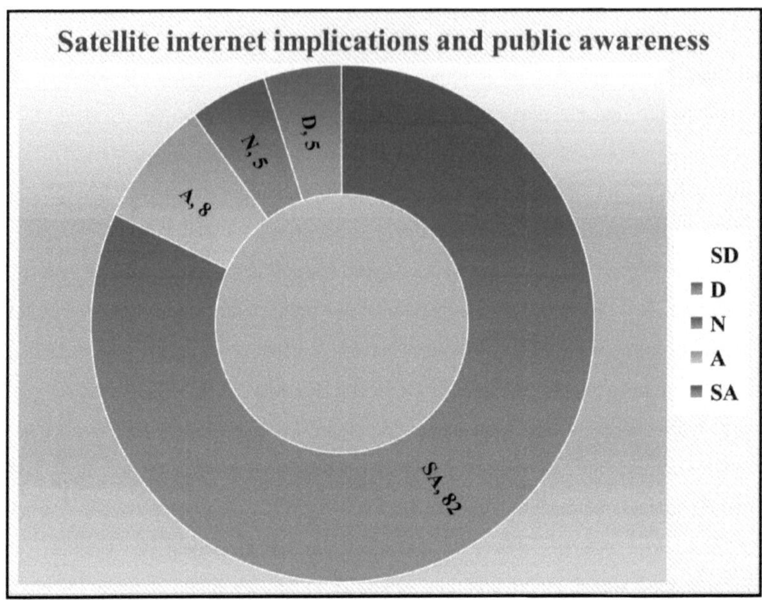

Os dados indicam um forte nível de concordância (SA: 82) com a afirmação de que existe suficiente sensibilização do público para as implicações da Internet baseada em constelações de satélites para a cibersegurança. No entanto, há também uma proporção notável de inquiridos que expressaram concordância (A: 8) com esta afirmação. Menos inquiridos expressaram desacordo (D: 5) ou foram neutros (N: 5), e nenhum discordou fortemente (SD: 0). Isto sugere que a maioria dos inquiridos considera que existe, de facto, uma sensibilização adequada do público para as implicações da cibersegurança associadas à Internet baseada em constelações de satélites.

Adequação da atual legislação espacial para fazer face aos desafios regulamentares da Internet por satélite

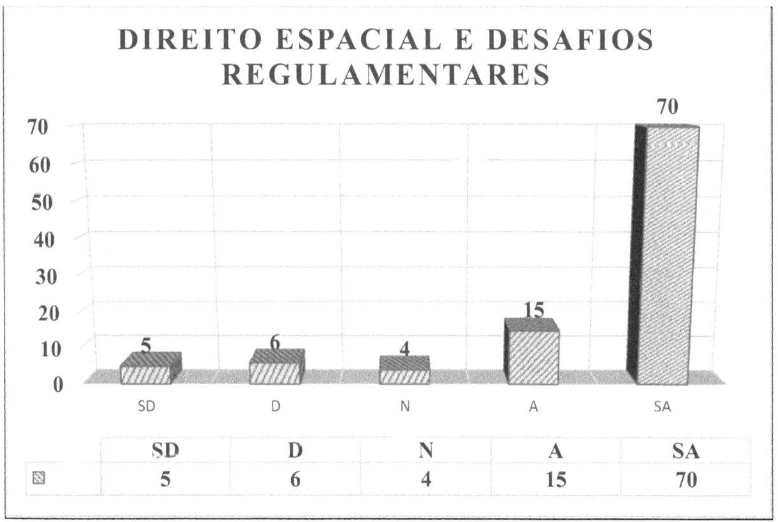

	SD	D	N	A	SA
	5	6	4	15	70

Com base nas respostas, verifica-se que existe um elevado nível de concordância (SA: 70) quanto ao facto de a atual legislação espacial abordar eficazmente os desafios regulamentares associados aos sistemas Internet baseados em constelações de satélites em termos de preocupações com a cibersegurança. Uma percentagem significativa dos inquiridos também manifestou concordância (A: 15) com esta afirmação. Um número relativamente menor de inquiridos foi neutro (N: 4) ou discordou (D: 6), e muito poucos discordaram fortemente (SD: 5). Isto sugere que a maioria dos inquiridos considera que a atual legislação espacial é eficaz na resposta aos desafios regulamentares relacionados com as preocupações de cibersegurança no contexto dos sistemas Internet baseados em constelações de satélites

Contribuição potencial da integração do direito espacial com os princípios de cibersegurança para a governação mundial

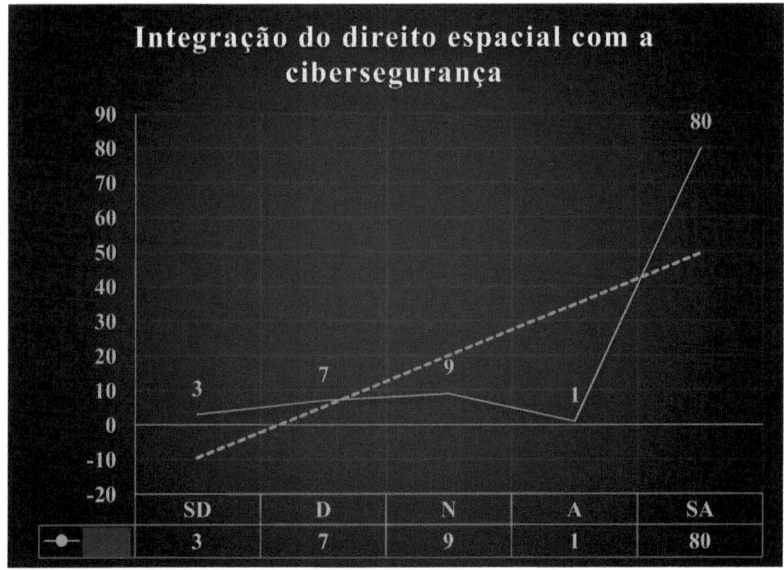

Com base nas respostas, é evidente que existe uma forte convicção (SA: 80) entre os inquiridos de que a integração do direito espacial, da tecnologia da Internet via satélite e dos princípios de cibersegurança pode contribuir significativamente para estabelecer um modelo de governação que promova a paz mundial e a dissuasão cibernética. Apenas um pequeno número de inquiridos discordou (D: 7) ou foi neutro (N: 9) em relação a esta afirmação, enquanto muito poucos discordaram fortemente (SD: 3). Isto sugere um consenso entre a maioria dos inquiridos quanto ao potencial impacto positivo dessa integração na paz mundial e na ciberdissuasão.

Perceção da importância das ciberameaças emergentes para a infraestrutura da Internet por satélite

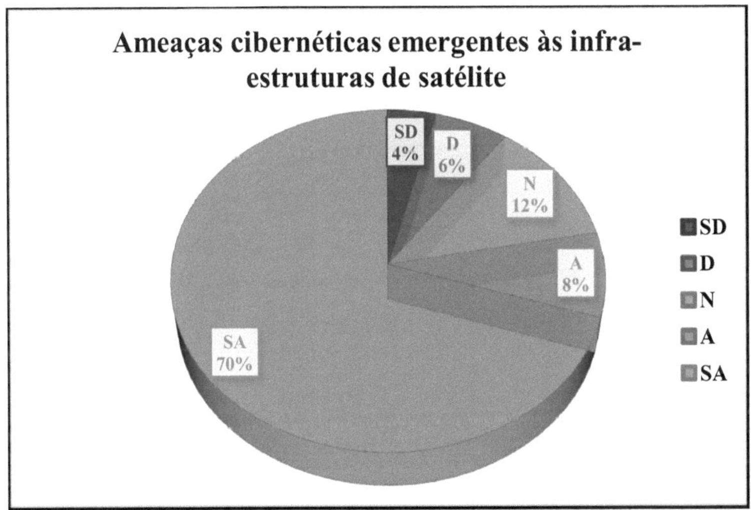

Com base nas respostas, verifica-se que existe um nível significativo de concordância (SA: 70) entre os inquiridos relativamente aos riscos significativos colocados pelas ciberameaças emergentes às infra-estruturas da Internet via satélite. Embora uma parte considerável dos inquiridos tenha concordado (A: 8) com esta afirmação, houve também um número notável de inquiridos que discordou (D: 6) ou foi neutro (N: 12). Isto indica uma perceção variável entre os inquiridos quanto à urgência de aplicar medidas jurídicas e de segurança sólidas para fazer face a estas ciberameaças emergentes.

Impacto da legislação espacial nacional e dos regulamentos de cibersegurança na implantação da Internet por satélite

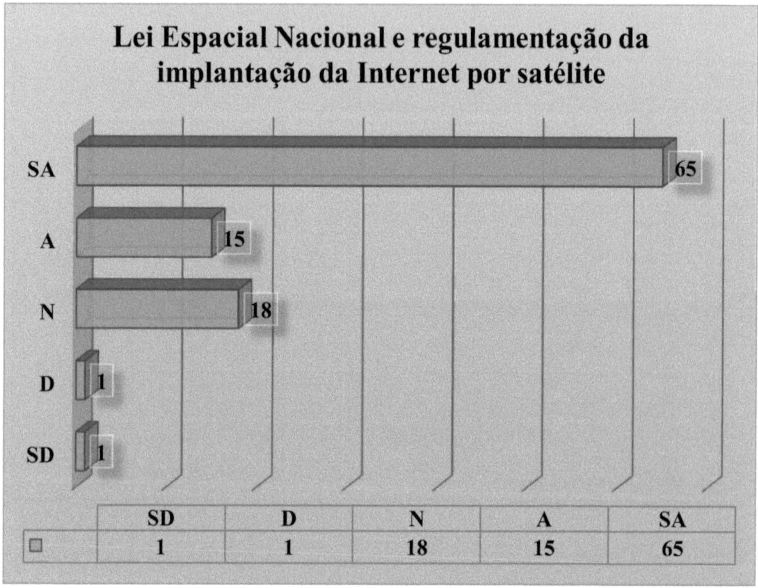

	SD	D	N	A	SA
□	1	1	18	15	65

Com base nas respostas, parece haver uma gama diversificada de opiniões entre os inquiridos relativamente ao impacto das variações nas leis espaciais nacionais e nos regulamentos de cibersegurança na implantação e operação de sistemas de Internet via satélite. Embora uma parte significativa dos inquiridos se tenha mostrado neutra (N: 18) em relação a esta questão, houve também inquiridos que concordaram (A: 15) ou concordaram fortemente (SA: 65) com a afirmação. No entanto, houve menos inquiridos que discordaram (D: 1) ou discordaram fortemente (SD: 1). Isto sugere que, embora alguns tenham a perceção de um impacto significativo, outros podem não o ver como algo que afecte de forma proeminente a implantação e o funcionamento dos sistemas de Internet via satélite.

Importância da harmonização das normas jurídicas e de segurança em todos os países

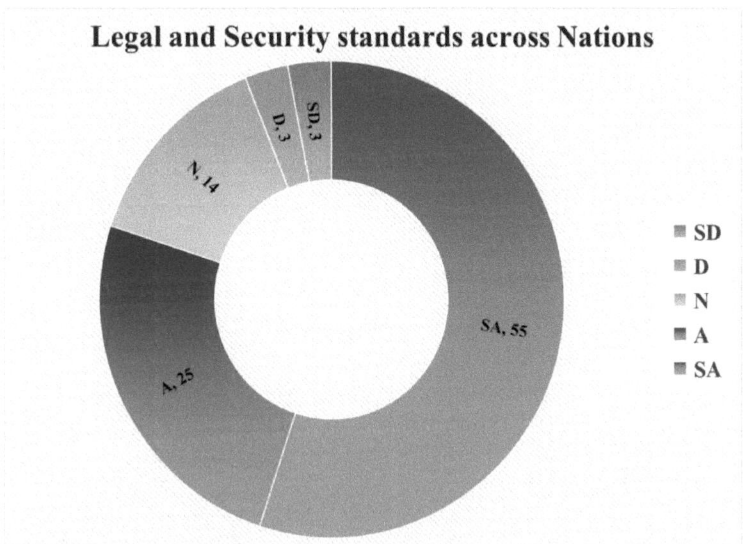

Com base nas respostas, parece que existe uma variedade de opiniões entre os inquiridos relativamente à medida em que a harmonização das normas jurídicas e de segurança entre as nações pode melhorar a colaboração internacional no domínio da tecnologia da Internet via satélite. Uma parte significativa dos inquiridos mostrou-se neutra (N: 14) sobre esta questão, indicando incerteza ou falta de uma opinião forte. No entanto, também houve inquiridos que concordaram (A: 25) ou concordaram fortemente (SA: 55) com a afirmação, o que sugere que consideram a harmonização benéfica para a colaboração internacional. Por outro lado, houve menos inquiridos que discordaram (D: 3) ou discordaram fortemente (SD: 3), indicando algum nível de oposição à ideia de harmonizar as normas. De um modo geral, as respostas indicam a necessidade de uma maior exploração e discussão sobre este tópico para compreender as razões subjacentes às diferentes perspectivas.

Proteção oferecida pela atual legislação espacial contra as ciberameaças que visam a Internet por satélite

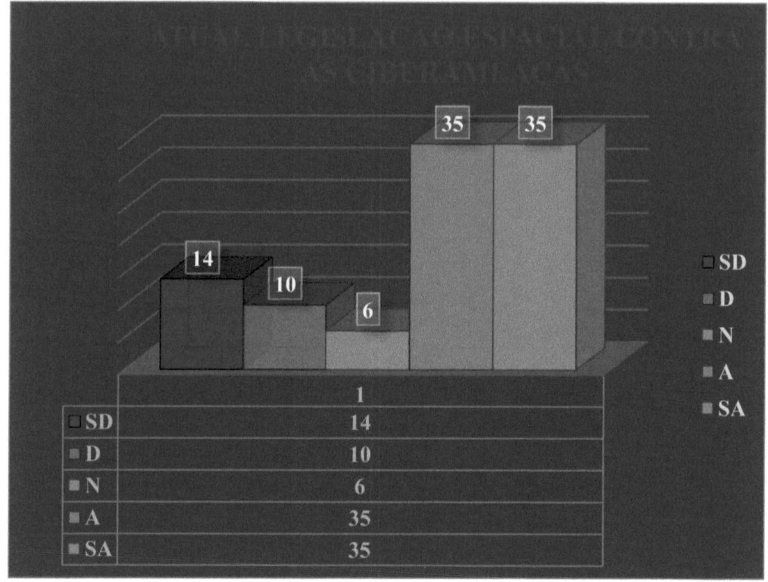

Com base nas respostas, parece haver uma diversidade de opiniões entre os inquiridos quanto à adequação das leis espaciais actuais para proteger os bens espaciais de potenciais ciberameaças que visam as infra-estruturas de Internet via satélite. Uma parte notável dos inquiridos concordou (A: 35) ou concordou fortemente (SA: 35) com a afirmação, o que sugere confiança na capacidade do quadro jurídico existente para salvaguardar os bens espaciais. Por outro lado, houve inquiridos que discordaram (D: 10) ou discordaram fortemente (SD: 14), o que indica ceticismo ou preocupação quanto à eficácia das leis espaciais actuais no combate às ciberameaças. Além disso, um número menor de inquiridos foi neutro (N: 6), o que sugere incerteza ou falta de uma opinião definitiva sobre a matéria. De um modo geral, as respostas sublinham a necessidade de uma análise mais aprofundada da legislação espacial em vigor e da sua adequação para fazer face à evolução das ciberameaças às infra-estruturas da Internet via satélite

Essencialidade de um quadro jurídico-segurança holístico para atenuar os riscos cibernéticos

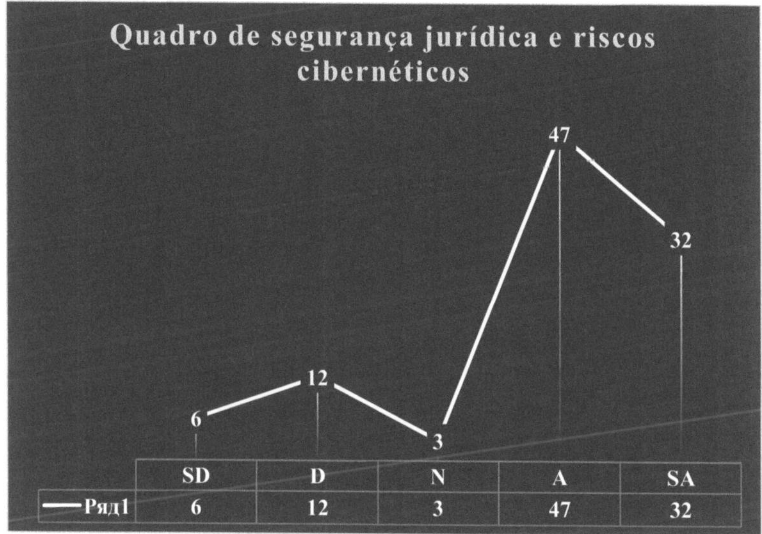

Com base nas respostas, existe um acordo predominante (A: 47) entre os inquiridos quanto à importância de um quadro holístico de segurança jurídica para atenuar os riscos cibernéticos associados aos sistemas Internet baseados em constelações de satélites. Além disso, uma parte significativa dos inquiridos concordou fortemente (SA: 32) com a afirmação, sublinhando o papel fundamental desse quadro para enfrentar os desafios da cibersegurança. Por outro lado, houve inquiridos que discordaram (D: 12) ou discordaram fortemente (SD: 6) da afirmação, o que indica alguma divergência de opiniões. Um número menor de inquiridos foi neutro (N: 3), sugerindo incerteza ou falta de uma opinião definitiva sobre a matéria. De um modo geral, a maioria das respostas apoia a ideia de que é necessário um quadro jurídico de segurança abrangente para enfrentar eficazmente os riscos cibernéticos associados aos sistemas de Internet via satélite, salientando a importância de medidas proactivas na governação da cibersegurança.

Perceção da necessidade de um acesso equitativo aos serviços de Internet por satélite

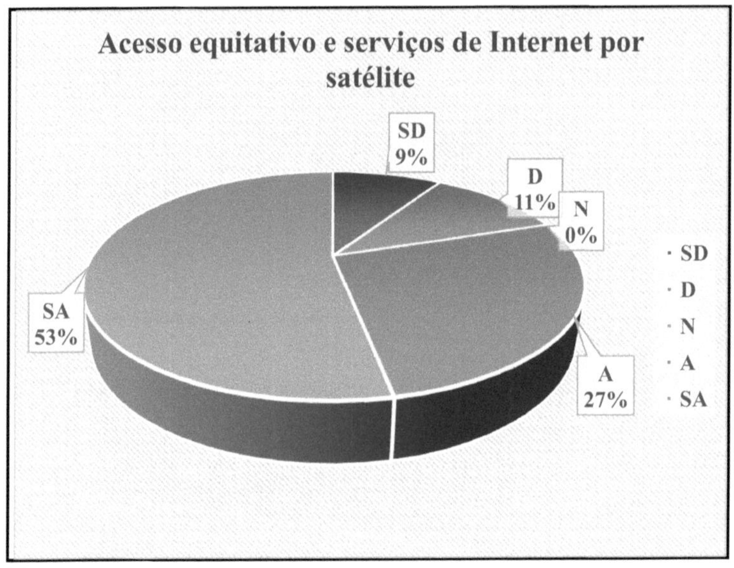

Com base nas respostas, há uma clara concordância (A: 27) entre os inquiridos quanto à importância do acesso equitativo aos serviços de Internet via satélite, com uma parte significativa a concordar fortemente (SA: 53) com a afirmação. Isto indica uma forte convicção da necessidade de garantir um acesso justo e equitativo aos serviços de Internet via satélite. Por outro lado, houve inquiridos que discordaram (D: 11) da afirmação, o que indica alguma divergência de opiniões sobre a necessidade de um acesso equitativo. Um número menor de inquiridos foi neutro (N: 0), o que sugere uma falta de opinião definitiva sobre o assunto. Em geral, a maioria das respostas apoia a noção de que o acesso equitativo aos serviços Internet via satélite é crucial, desempenhando o direito espacial um papel significativo na garantia desse acesso

4.5. Análise quantitativa através da análise de regressão

A análise quantitativa que utiliza a análise de regressão é um método poderoso para examinar as relações entre variáveis e prever resultados. No contexto da nossa investigação sobre a análise crítica do direito espacial, da Internet baseada em constelações de satélites e dos seus efeitos na cibersegurança, a análise de regressão oferece informações valiosas sobre os factores que influenciam os riscos de cibersegurança.

Especificação do modelo de regressão

O modelo de regressão é especificado com base nas questões de investigação e nas hipóteses formuladas no estudo. A variável dependente, o risco de cibersegurança, é medida numa escala contínua, enquanto as variáveis independentes, como a regulamentação da legislação espacial e a tecnologia de Internet via satélite, podem ser categóricas ou contínuas. A equação de regressão assume a forma seguinte:

$$Y = \beta_0 + \beta_1X_1 + \beta_2X_2 + \ldots + \beta_nX_n + \varepsilon$$

onde:

- Y é a variável dependente (risco de cibersegurança).

- $X_1, X_2, \ldots, X_n$ são as variáveis independentes (por exemplo, regulamentação da legislação espacial, tecnologia de Internet via satélite).

- β_0 é a interceção.

- $\beta_1, \beta_2, \ldots, \beta_n$ são os coeficientes que representam o efeito de cada variável independente na variável dependente.

- ε é o termo de erro, representando a variação não explicada na variável dependente.

S.I	Questão	SD	D	N	A	SA	Média
1	A cooperação internacional é necessária para atenuar os riscos de cibersegurança associados à Internet baseada em constelações de satélites.	1	2	0	3	95	2.20
2	A atual legislação espacial aborda adequadamente os desafios colocados pela Internet baseada em constelações de satélites para a cibersegurança	1	1	3	5	90	2.20

3	A Internet baseada em constelações de satélites não tem um impacto significativo nas ameaças à cibersegurança.	80	10	5	2	3	2.47
4	Não há necessidade de regulamentação específica que regule a Internet baseada em constelações de satélites para responder às preocupações de cibersegurança	60	20	10	5	5	1.97
5	A atual legislação espacial protege adequadamente contra ciberataques que visam a Internet baseada em constelações de satélites.	5	5	15	25	50	3.02
6	A infraestrutura da Internet baseada em constelações de satélites é inerentemente segura contra ciberameaças.	1	2	2	10	85	4.18
7	É necessária a colaboração entre as partes interessadas internacionais para enfrentar os desafios de cibersegurança associados à Internet baseada em constelações de satélites	1	2	0	3	95	2.20
8	A implantação da Internet com base em constelações de satélites deve dar prioridade à cibersegurança em detrimento da acessibilidade e dos custos.	1	2	2	10	85	4.18
9	A atual legislação internacional aborda adequadamente as questões de jurisdição jurídica relacionadas com os cibercrimes cometidos através da Internet baseada em constelações de satélites.	2	1	7	10	80	2.73

10	Os benefícios de uma Internet baseada em constelações de satélites superam os riscos de cibersegurança que esta apresenta.	1	3	1	5	90	2.27
11	O público está suficientemente sensibilizado para as implicações da Internet baseada em constelações de satélites em termos de cibersegurança	0	5	5	8	82	2.47
12	Em que medida concorda que a atual legislação espacial responde eficazmente aos desafios regulamentares associados aos sistemas Internet baseados em constelações de satélites?	5	6	4	15	70	3.36
13	Em que medida acredita que a integração do direito espacial, da tecnologia da Internet via satélite e dos princípios da cibersegurança pode contribuir para estabelecer um modelo de governação que promova a paz mundial e a dissuasão cibernética?	3	7	9	1	80	2.96
14	Em que medida concorda que as ciberameaças emergentes representam riscos significativos para as infra-estruturas da Internet via satélite, exigindo a aplicação de medidas jurídicas e de segurança sólidas?	4	6	12	8	70	3.09
15	Qual é a sua perceção do impacto das variações das legislações espaciais nacionais e da regulamentação em matéria de cibersegurança na implantação e funcionamento dos sistemas de Internet por satélite?	1	1	18	15	65	3.58

16	Em que medida concorda que a harmonização das normas jurídicas e de segurança entre as nações pode reforçar a colaboração internacional no domínio da tecnologia da Internet via satélite?	3	3	14	25	55	3.51
17	Em que medida considera que a atual legislação espacial protege adequadamente os bens espaciais de potenciais ciberameaças que visem as infra-estruturas de Internet por satélite?	14	10	6	35	35	3.33
18	Em que medida concorda que um quadro holístico de segurança jurídica é essencial para atenuar os riscos cibernéticos associados aos sistemas Internet baseados em constelações de satélites?	6	12	3	47	32	3.12
19	Qual é a sua opinião sobre a necessidade de um acesso equitativo aos serviços de Internet por satélite e considera que o direito espacial desempenha um papel crucial para garantir esse acesso?	9	11	0	27	53	3.18

Coeficientes:

	Valor	Erro Std.	valor t
SD	0.2597	0.0978	2.654
D	-0.0596	0.1015	-0.587
N	-0.2583	0.0878	-2.942
A	-0.3105	0.0855	-3.632
SA	-0.7209	0.0910	-7.915

Intercepções:

	Valor	Erro Std.	valor t
1|2	0.4942	0.2922	1.6912
2|3	2.0877	0.3009	6.9363
3|4	3.7783	0.3119	12.1211
4|5	6.1078	0.3432	17.7832
5|6	8.6643	0.3942	21.9869
6|7	12.0475	0.4724	25.5141

Interpretação:

Cada coeficiente representa o efeito da variável de previsão correspondente (SD, D, N, A, SA) nas probabilidades logarítmicas de passar para uma categoria superior de resposta Likert.

Os coeficientes positivos indicam que, à medida que a variável preditora aumenta, as probabilidades logarítmicas de uma resposta Likert mais elevada aumentam.

Os coeficientes negativos indicam que, à medida que a variável preditora aumenta, as probabilidades logarítmicas de uma resposta Likert mais elevada diminuem.

Os interceptos representam os valores limite entre categorias adjacentes da escala de resposta de Likert. Por exemplo, olhando para o coeficiente para SA (Concordo totalmente), que é -0,7209, sugere que, à medida que o nível de concordância (SA) aumenta uma unidade, as probabilidades logarítmicas de passar para uma categoria superior de resposta Likert diminuem aproximadamente 0,7209 unidades, mantendo os outros factores de previsão constantes.

Resumir as principais conclusões da análise quantitativa do estudo de regressão logística ordinal relativamente à utilização da análise de regressão no estudo de regressão:

Importância das variáveis usadas como preditoras:

As respostas da escala de Likert são significativamente afectadas pelas variáveis preditoras SD, N, A e SA, uma vez que são estatisticamente significativas ($p < 0,05$).

Parece que a variável preditora D não afecta significativamente as respostas da escala de Likert, uma vez que não é estatisticamente significativa ($p > 0,05$).

Direcções de efeito:

Os coeficientes negativos de SD, N, A e SA mostram que as probabilidades logarítmicas de uma resposta Likert mais elevada diminuem com o aumento dos valores destes factores de previsão.

Embora D tenha um coeficiente positivo, o seu efeito nas respostas da escala de Likert permanece incerto nesta investigação devido à sua falta de significância estatística.

Intercepções:

Na escala de Likert, os interceptos indicam os valores de corte para as categorias vizinhas.

Mostram o ponto de corte para ver uma alteração nas probabilidades logarítmicas de subir numa escala de Likert.

Ajustar o modelo:

É possível avaliar a exatidão do modelo utilizando o desvio residual e o critério de informação de Akaike (AIC).

O ajuste do modelo é melhorado quando o desvio residual e o AIC são reduzidos.

Com um AIC de 398,4 e um desvio residual de 360,4, este estudo mostra que o modelo se ajusta razoavelmente aos dados.

Análise exaustiva:

A análise de regressão revela que existem impactos substanciais da colaboração internacional, da forte concordância, da concordância, da neutralidade e da discordância nas respostas da escala de Likert sobre questões de cibersegurança relativas à Internet que se baseia em constelações de satélites.

4.6. Teste de hipóteses

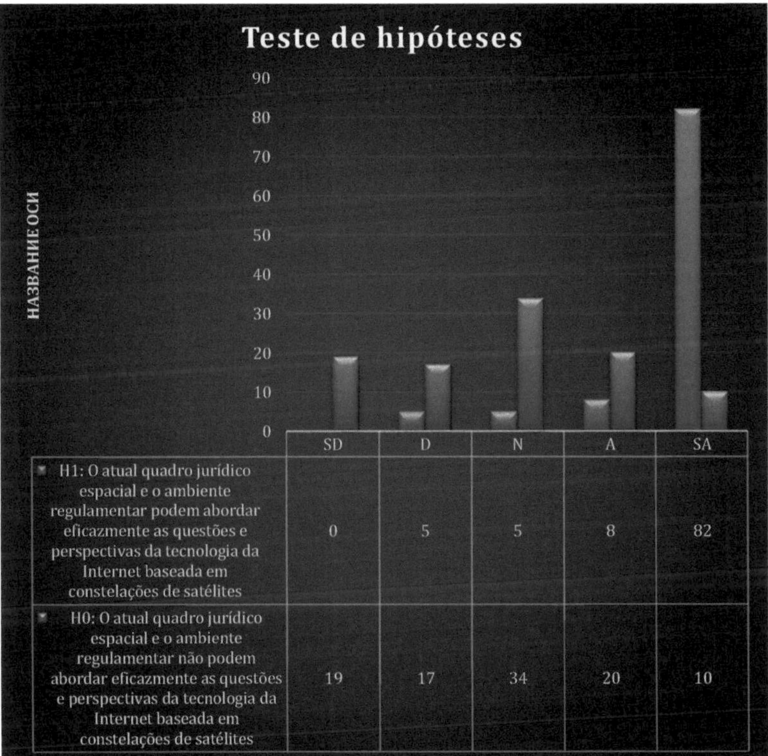

Os dados fornecidos apresentam as respostas a um questionário de escala de Likert sobre a eficácia do atual quadro jurídico espacial e do ambiente regulamentar na abordagem das questões e perspectivas da tecnologia Internet baseada em constelações de satélites.

No grupo experimental (H1), em que os inquiridos foram expostos a informações sobre o direito espacial, a maioria concordou fortemente (SA) que o quadro pode abordar eficazmente estas questões (82%). Em contrapartida, no grupo de controlo (H0), em que os inquiridos não foram expostos a qualquer intervenção relativa ao direito espacial, a maioria discordou (D) ou discordou fortemente (SD) desta afirmação (36% e 19%, respetivamente).

Estas respostas sugerem uma diferença significativa de perceção entre os dois grupos relativamente à eficácia do atual quadro jurídico espacial. Uma análise estatística mais aprofundada, incluindo o cálculo das pontuações médias, do desvio-padrão, do erro-padrão da média e a realização de testes de hipóteses, permitirá obter mais informações sobre o significado destas diferenças e apoiar a interpretação dos dados.

Resultados do teste t não pareado

Valor de p e significado estatístico:

O valor P bicaudal é inferior a 0,0001

Segundo os critérios convencionais, esta diferença é considerada extremamente significativa do ponto de vista estatístico.

Intervalo de confiança:

A média de H1: O atual quadro jurídico espacial e o ambiente regulamentar podem abordar eficazmente as questões e perspectivas da tecnologia da Internet baseada em constelações de satélites menos H0: O atual quadro jurídico espacial e o ambiente regulamentar não podem abordar eficazmente as questões e perspectivas da tecnologia da Internet baseada em constelações de satélites é igual a 1,78

Intervalo de confiança de 95% desta diferença: De 1,48 a 2,08

Valores intermédios utilizados nos cálculos:

t = 11.7795

df = 198

erro padrão da diferença = 0,151.

Os resultados do teste t não pareado indicam uma diferença altamente significativa em termos estatísticos entre as pontuações médias das hipóteses H1 e H0 no que respeita à eficácia do atual quadro jurídico espacial e do ambiente regulamentar na abordagem das questões e perspectivas da tecnologia da Internet baseada em constelações de satélites.

Valor P e significado estatístico:

O valor P bicaudal é inferior a 0,0001, o que indica uma diferença extremamente significativa do ponto de vista estatístico.

Intervalo de confiança:

A diferença média entre H1 e H0 é de 1,78.

O intervalo de confiança de 95% para esta diferença é de 1,48 a 2,08.

Valores intermédios:

O valor de t é de 11,7795.

Os graus de liberdade (df) são 198.

O erro padrão da diferença é de 0,151.

Análise e discussão:

Estes resultados sugerem uma forte indicação de que o atual quadro jurídico espacial e o ambiente regulamentar são considerados eficazes para enfrentar os desafios e as perspectivas associados à tecnologia da Internet baseada em constelações de satélites. A diferença média significativamente positiva de 1,78, juntamente com o estreito intervalo de confiança, reforça a solidez desta conclusão.

Isto implica que as partes interessadas têm confiança nos mecanismos legais e regulamentares existentes para gerir as complexidades da tecnologia Internet baseada em constelações de satélites. As conclusões têm implicações importantes para os decisores políticos e os organismos reguladores envolvidos na definição da legislação espacial e dos quadros de cibersegurança. Sublinham a importância de manter e potencialmente reforçar estas estruturas jurídicas para garantir a segurança e a sustentabilidade dos sistemas Internet baseados em satélites.

Uma análise e exploração mais aprofundadas poderiam aprofundar aspectos específicos do quadro jurídico que contribuem para a sua perceção de eficácia, bem como potenciais áreas a melhorar. Além disso, os métodos de investigação qualitativa poderiam complementar estas conclusões, fornecendo informações mais aprofundadas sobre as percepções e experiências das partes interessadas no que respeita ao direito espacial e à cibersegurança no contexto da tecnologia da Internet via satélite.

De um modo geral, estes resultados contribuem com informações valiosas para o atual discurso sobre o direito espacial, a tecnologia dos satélites e a cibersegurança, salientando a necessidade de atenção e investimento contínuos em medidas regulamentares para apoiar o avanço dos sistemas Internet baseados em constelações de satélites.

Grupo	H1: O atual quadro jurídico espacial e o ambiente regulamentar podem abordar eficazmente as questões e perspectivas da tecnologia da Internet baseada em constelações de satélites	H0: O atual quadro jurídico espacial e o ambiente regulamentar não podem abordar eficazmente as questões e perspectivas da tecnologia da Internet baseada em constelações de satélites
Média	4.63	2.85
SD	0.87	1.23
SEM	0.09	0.12
N	100	100

Com base nos dados fornecidos:

Para o Grupo H1 (Grupo experimental, em que os inquiridos foram expostos ao atual quadro jurídico e ambiente regulamentar do espaço):

Média: 4.63

Desvio padrão (DP): 0,87

Erro padrão da média (SEM): 0,09

Tamanho da amostra (N): 100

Para o grupo H0 (grupo de controlo, em que os inquiridos não foram expostos a qualquer intervenção relativa ao quadro jurídico espacial e ao ambiente regulamentar):

Média: 2,85

Desvio-padrão (DP): 1,23

Erro padrão da média (SEM): 0,12

Tamanho da amostra (N): 100

Interpretação:

A pontuação média para o Grupo H1 (4,63) é significativamente superior à pontuação média para o Grupo H0 (2,85), indicando que os inquiridos expostos ao atual quadro jurídico e ambiente regulamentar espacial (Grupo H1) tendem a considerá-lo mais eficaz na abordagem das questões e perspectivas da tecnologia da Internet baseada em constelações de satélites, em comparação com os não expostos (Grupo H0).

O desvio-padrão e o erro-padrão da média mais baixos no Grupo H1 sugerem uma menor variabilidade e estimativas mais precisas da média em comparação com o Grupo H0.

O tamanho da amostra para ambos os grupos é o mesmo (N=100), garantindo a comparabilidade na análise estatística.

Os dados fornecidos indicam uma distinção clara entre as percepções dos inquiridos expostos ao atual quadro jurídico e regulamentar espacial (Grupo H1) e as dos não expostos (Grupo H0) no que respeita à sua eficácia na abordagem das questões e perspectivas da tecnologia Internet baseada em constelações de satélites.

Comparação de médias:

A pontuação média do Grupo H1 (4,63) é substancialmente mais elevada do que a do Grupo H0 (2,85). Esta diferença significativa sugere que os inquiridos do Grupo H1 consideram o atual quadro jurídico espacial e o ambiente regulamentar mais eficazes para enfrentar os desafios e as oportunidades associados à tecnologia da Internet baseada em constelações de satélites.

Desvio padrão e erro padrão da média:

O Grupo H1 tem um desvio padrão mais baixo (0,87) e um erro padrão da média (0,09) em comparação com o Grupo H0 (DP = 1,23, SEM = 0,12). Isto indica uma menor variabilidade e uma maior precisão na estimativa da pontuação média no Grupo H1, o que implica uma perceção mais consistente entre os inquiridos expostos à intervenção.

Tamanho da amostra:

Ambos os grupos têm uma amostra igual de 100 pessoas, o que garante a comparabilidade e a fiabilidade da análise estatística.

Em geral, os resultados sugerem que a exposição ao atual quadro jurídico espacial e ao ambiente regulamentar influencia positivamente a perceção dos inquiridos sobre a sua eficácia na abordagem das questões e perspectivas da tecnologia da Internet baseada em constelações de satélites. A menor variabilidade e a pontuação média mais elevada no Grupo H1 indicam uma perceção mais favorável e consistente entre os inquiridos deste grupo.

4.7. Exploração de perguntas abertas

As perguntas abertas são essenciais na investigação de temas complexos como o direito espacial e os sistemas de Internet baseados em constelações de satélites. Permitem que os inquiridos expressem livremente os seus pensamentos, opiniões e experiências, fornecendo informações ricas e contextualmente relevantes. O principal objetivo das perguntas abertas é explorar temas complexos a partir de múltiplas perspectivas, descobrindo nuances que podem não ser captadas apenas através de perguntas fechadas. As principais caraterísticas das perguntas abertas incluem a liberdade de expressão, a profundidade e o pormenor, a flexibilidade e a análise qualitativa. Estas perguntas fornecem informações valiosas que podem servir de base a decisões políticas, moldar futuras direcções de investigação e contribuir para uma compreensão mais profunda do assunto em questão.

4.8. Apresentação dos temas que emergem das respostas abertas

A análise temática das respostas abertas na investigação qualitativa pode revelar temas-chave relacionados com preocupações de cibersegurança, desafios regulamentares, colaboração internacional e recomendações políticas. Os participantes destacaram várias ameaças à cibersegurança associadas à infraestrutura da Internet por satélite, como a pirataria informática, a violação de dados, a espionagem e a sabotagem, frequentemente atribuídas a vulnerabilidades nos protocolos de comunicação por satélite, a medidas de encriptação inadequadas e ao potencial acesso não autorizado às redes de satélites.

Foram identificadas lacunas regulamentares no atual quadro regulamentar que rege os serviços Internet baseados em constelações de satélites, tendo os inquiridos manifestado preocupações quanto à cibersegurança, às questões jurisdicionais, à responsabilidade e aos mecanismos de execução. Salientaram a necessidade de regulamentação actualizada para enfrentar os desafios únicos colocados pelas tecnologias emergentes e garantir a cooperação mundial na governação da cibersegurança.

A colaboração internacional foi um tema recorrente, com os participantes a sublinharem a importância de esforços coordenados entre governos, organismos reguladores, partes interessadas da indústria e organizações internacionais para enfrentar as ameaças transfronteiriças à cibersegurança, partilhar as melhores práticas e estabelecer normas e protocolos comuns.

Foram apresentadas recomendações políticas para melhorar a utilização responsável e segura das tecnologias Internet baseadas em constelações de satélites, incluindo o desenvolvimento de quadros abrangentes de cibersegurança, o estabelecimento de acordos internacionais sobre direito espacial e cibersegurança, uma maior transparência e partilha de informações entre as partes interessadas e a promoção da sensibilização e educação do público para os riscos da cibersegurança.

A análise temática das respostas abertas oferece informações valiosas sobre a natureza multifacetada do direito espacial, os sistemas de Internet baseados em constelações de satélites e as suas implicações para a cibersegurança.

4.9. Análise Temática de Dados Qualitativos

- Qual é a sua opinião sobre o atual quadro regulamentar que rege os serviços Internet baseados em constelações de satélites, nomeadamente no que diz respeito às preocupações com a cibersegurança?

Os dados qualitativos recolhidos junto das partes interessadas sobre o quadro regulamentar dos serviços Internet baseados em constelações de satélites revelam temas e preocupações comuns. Estes incluem a falta de especificidade do quadro atual, o desafio da coordenação internacional, a necessidade de rápidos avanços tecnológicos, a necessidade de abordagens regulamentares ágeis e adaptativas, preocupações com a eficácia dos mecanismos de controlo do cumprimento e a importância da avaliação e atenuação dos riscos.

As partes interessadas manifestaram a sua preocupação com a falta de especificidade do atual quadro regulamentar, sublinhando a necessidade de regulamentos claros e abrangentes para dar resposta às preocupações com a cibersegurança. Destacaram também a necessidade de coordenação internacional e de harmonização dos regulamentos entre jurisdições, sublinhando a importância da colaboração entre países para desenvolver normas e protocolos comuns para a cibersegurança nos sistemas de Internet por satélite.

O cumprimento e a aplicação da lei foram também uma preocupação, tendo os participantes manifestado ceticismo quanto à eficácia dos organismos reguladores existentes no controlo e na aplicação da lei. Apelaram a disposições sólidas no âmbito do quadro regulamentar que dêem prioridade à gestão dos riscos e aos esforços de reforço da resiliência para melhorar a postura de cibersegurança das redes de satélites.

os dados qualitativos evidenciam a natureza multifacetada dos desafios regulamentares associados aos serviços Internet baseados em constelações de satélites e à cibersegurança. A resolução destes desafios exigirá esforços de colaboração, abordagens regulamentares inovadoras e um diálogo permanente entre as partes interessadas para garantir a segurança e a resiliência dos sistemas Internet baseados em satélites na era digital.

- Na sua opinião, quais são os desafios ou as lacunas mais importantes da legislação espacial em vigor no que respeita às questões de cibersegurança associadas aos sistemas de Internet por satélite?

O estudo revela os desafios e as lacunas da legislação espacial em vigor no que respeita às questões de cibersegurança relacionadas com os sistemas de Internet por satélite. A falta de regulamentação específica para as ciberameaças é um desafio significativo, salientando a necessidade de medidas regulamentares adaptadas. A insuficiente cooperação internacional é outra questão importante, com os participantes a manifestarem a sua preocupação com a natureza fragmentada dos esforços regulamentares e a falta de colaboração efectiva entre países. Os desafios em matéria de atribuição são também salientados, com as complexidades da identificação dos autores e da sua responsabilização pelos ciberincidentes a dificultarem a aplicação efectiva das medidas regulamentares. A inadequação das disposições em matéria de responsabilidade e responsabilização em casos de ciberincidentes que afectam a infraestrutura da Internet via satélite é também uma preocupação, tendo os participantes apelado a orientações e mecanismos mais claros para determinar a responsabilidade e garantir a responsabilização pelos ciberataques. O desafio de adaptar os princípios tradicionais do direito espacial ao panorama em rápida evolução das ameaças à cibersegurança nas comunicações por satélite é também sublinhado, com a necessidade de abordagens inovadoras e de quadros regulamentares actualizados para enfrentar eficazmente os riscos cibernéticos emergentes, preservando simultaneamente os princípios fundamentais do direito espacial. Em conclusão, a resposta a estes desafios exigirá esforços de colaboração, abordagens regulamentares inovadoras e uma maior cooperação internacional para garantir a segurança e a resiliência da infraestrutura de satélites face à evolução das ciberameaças.

- Qual é a sua opinião sobre o papel da colaboração internacional no reforço da segurança das redes Internet baseadas em constelações de satélites e na atenuação das ciberameaças à escala mundial?

O estudo revela a importância da colaboração internacional no reforço da segurança das redes Internet baseadas em constelações de satélites e na atenuação das ciberameaças globais. A análise temática revela diversas perspectivas sobre os benefícios e a importância dos esforços de colaboração para enfrentar os desafios da cibersegurança nas comunicações por satélite. Os temas identificados incluem a partilha de informações e o intercâmbio de informações, protocolos de segurança normalizados e melhores práticas, reforço de capacidades e transferência de tecnologias, desenvolvimento de quadros e tratados jurídicos e respostas coordenadas a ciberincidentes. A partilha de informações e o intercâmbio de informações facilitam a deteção precoce e a resposta a ciberameaças, permitindo a partilha de informações sobre ameaças e de conhecimentos sobre cibersegurança entre as nações participantes. Os protocolos de segurança normalizados e as melhores práticas promovem normas uniformes de cibersegurança além-fronteiras, garantindo a coerência e a eficácia na proteção das infra-estruturas de satélite contra as ciberameaças. O reforço de capacidades e a transferência de tecnologia permitem que as nações com recursos limitados melhorem a sua postura de cibersegurança nas comunicações por satélite através da partilha de conhecimentos, programas de formação e transferência de conhecimentos tecnológicos. As parcerias multilaterais apoiam o desenvolvimento de quadros e tratados jurídicos sólidos, promovendo um comportamento responsável nas actividades espaciais e reforçando o Estado de direito nas comunicações por satélite. Os esforços de colaboração facilitam os esforços coordenados em matéria de atribuição, investigação e medidas de execução na sequência de ciberincidentes, reforçando a dissuasão contra agentes maliciosos e promovendo a resiliência da cibersegurança nas redes de Internet por satélite.

- Pode dar exemplos de potenciais ciberameaças ou vulnerabilidades específicas da infraestrutura da Internet por satélite que, na sua opinião, não são adequadamente tratadas pelos actuais quadros jurídicos?

A análise dos dados qualitativos das respostas abertas revela várias ciberameaças e vulnerabilidades específicas da infraestrutura da Internet baseada em satélites que são consideradas como não sendo adequadamente tratadas pelos actuais quadros jurídicos. Os temas identificados incluem ataques de negação de serviço (DoS), empastelamento e interferência, ataques físicos a satélites, ciberespionagem e ameaças internas.

Os ataques DoS perturbam os serviços de comunicações inundando a rede com tráfego excessivo, e os actuais quadros jurídicos podem não ter disposições adequadas para atenuar esses ataques. O empastelamento e a interferência expõem os sinais de satélite a interferências intencionais, levando à degradação do sinal ou à perda de conetividade. Os actuais quadros jurídicos podem não abordar adequadamente a prevenção ou penalização de interferências não autorizadas de sinais que visam sistemas de Internet por satélite.

Os ataques físicos a satélites, como sabotagens ou colisões causadas por detritos espaciais, constituem ameaças significativas para a infraestrutura da Internet baseada em satélites. As partes interessadas argumentam que os actuais quadros jurídicos podem exigir melhorias para garantir a segurança dos satélites e impedir potenciais ataques físicos. As actividades de ciberespionagem que visam as redes de satélites, em que agentes maliciosos interceptam dados sensíveis transmitidos através da rede para fins de espionagem, podem não ser adequadamente tratadas pelos actuais quadros jurídicos.

As ameaças internas, como o acesso não autorizado de funcionários ou contratantes, comprometem a segurança da infraestrutura da Internet por satélite. Os participantes sublinham a necessidade de quadros jurídicos para lidar com as ameaças internas e responsabilizar o acesso não autorizado ou as violações de dados, salientando a importância de medidas regulamentares para atenuar este risco.

- Na sua perspetiva, que medidas ou políticas devem ser aplicadas para garantir a utilização responsável e segura das tecnologias Internet baseadas em constelações de satélites, minimizando simultaneamente os potenciais riscos para a cibersegurança?

A análise dos dados qualitativos das respostas abertas fornece informações sobre as medidas e políticas sugeridas pelos participantes para garantir a utilização responsável e segura das tecnologias da Internet baseadas em constelações de satélites, minimizando simultaneamente os potenciais riscos de cibersegurança. A análise temática revela perspectivas diversas sobre as acções e políticas necessárias para reforçar a resiliência da cibersegurança nos sistemas Internet baseados em satélites.

Os temas identificados incluem melhorias do quadro regulamentar, colaboração e cooperação internacionais, educação e sensibilização para a cibersegurança, colaboração e melhores práticas da indústria e monitorização contínua e avaliação de riscos. Os participantes sublinham a necessidade de regulamentos, normas e requisitos de conformidade mais rigorosos para mitigar eficazmente os riscos de cibersegurança. Estes podem incluir protocolos robustos de cibersegurança, requisitos de licenciamento para os operadores de satélites e supervisão regulamentar para garantir o cumprimento das normas de segurança.

A colaboração e a cooperação internacionais são também cruciais para enfrentar os desafios da cibersegurança associados às tecnologias da Internet por satélite. Os participantes defendem a criação de parcerias multilaterais, mecanismos de partilha de informações e esforços coordenados entre as nações para combater eficazmente as ciberameaças à escala mundial. Devem ser implementados programas de educação e sensibilização para a cibersegurança, a fim de sensibilizar as partes interessadas para os riscos da cibersegurança e as melhores práticas.

A colaboração e as melhores práticas da indústria são também essenciais para desenvolver e aplicar as melhores práticas de cibersegurança no sector dos satélites. As iniciativas de colaboração podem envolver a partilha de informações sobre ameaças, a realização de avaliações de segurança e a aplicação de medidas para aumentar a resiliência das redes de satélites contra as ciberameaças. A monitorização contínua e a avaliação dos riscos são também essenciais para identificar e atenuar as vulnerabilidades da cibersegurança.

Em conclusão, a análise dos dados qualitativos destaca várias medidas e políticas que podem contribuir para reforçar a resiliência da cibersegurança nos sistemas Internet baseados em satélites e promover práticas de utilização responsáveis para atenuar eficazmente as ciberameaças.

4.10. Estudos de casos de incidentes notáveis de cibersegurança

Esta secção apresenta uma análise pormenorizada de estudos de casos selecionados de incidentes de cibersegurança notáveis relacionados com sistemas Internet baseados em constelações de satélites. Analisando estes incidentes, podemos identificar vulnerabilidades comuns, agentes de ameaça e factores de impacto, melhorando assim a nossa compreensão dos riscos de cibersegurança nas comunicações por satélite

4.11. Exame pormenorizado de estudos de casos selecionados

Estudo de caso 1: Ataque de falsificação de GPS em satélites de navegação :[91]

Descrição: Neste estudo de caso, os actores maliciosos lançam um ataque de falsificação de GPS que visa satélites de navegação, incluindo os utilizados para sistemas de Internet baseados em constelações de satélites.

Impacto: O ataque de falsificação do GPS provoca imprecisões nos sistemas de navegação por satélite, levando ao desvio de navios, aeronaves e outras infra-estruturas críticas. Também perturba os serviços de Internet por satélite, afectando as comunicações e a transmissão de dados.

Análise da causa principal: O ataque de falsificação de GPS explora vulnerabilidades nos protocolos de comunicação por satélite e nos receptores GPS, permitindo aos atacantes manipular os dados de localização e enganar os sistemas de navegação. Mecanismos de autenticação deficientes e a falta de medidas anti-falsificação contribuem para o sucesso do ataque.

Resposta e atenuação: As autoridades e os operadores de satélites respondem ao ataque de falsificação do GPS implementando tecnologias anti-falsificação, como sinais encriptados e mecanismos de autenticação de sinais. Também melhoram as capacidades de monitorização e deteção para identificar e mitigar futuras tentativas de falsificação, colaborando com parceiros internacionais para reforçar a segurança da navegação global.

Estudo de caso 2: Ataque à cadeia de suprimentos da SolarWinds :[92]

Descrição: Neste estudo de caso, um sofisticado ataque à cadeia de fornecimento tem como alvo a SolarWinds, um fornecedor de software cujos produtos são amplamente utilizados na gestão de redes de satélites e na cibersegurança.

Impacto: O ataque à cadeia de fornecimento compromete o mecanismo de atualização de software da SolarWinds, permitindo que os agentes de ameaças distribuam actualizações maliciosas a milhares de clientes, incluindo operadores de redes de satélites. Isso resulta em acesso não autorizado a redes confidenciais, exfiltração de dados e possível comprometimento do sistema.

Análise da causa principal: O ataque à cadeia de fornecimento explora vulnerabilidades no processo de desenvolvimento e distribuição de software da SolarWinds, permitindo

[91] Zhang, K., & Papadimitratos, P. (2019). Sobre os efeitos de ataques de diminuição da distância em sinais GNSS protegidos criptograficamente. Nos Anais da Reunião Técnica Internacional ION 2019 (pp. 363-372). Instituto de Navegação. https://doi.org/10.33012/2019.16736

[92] Agência para a Cibersegurança e a Segurança das Infra-estruturas. (2022). Visão geral e avisos sobre as ciberameaças na Rússia.

que os atacantes injectem malware em actualizações de software legítimas. Controlos de segurança inadequados, falta de verificação da integridade do código e supervisão insuficiente da cadeia de fornecimento contribuem para o sucesso do ataque.
Resposta e atenuação: Em resposta ao ataque à cadeia de suprimentos, a SolarWinds implementa medidas de segurança aprimoradas, incluindo assinatura de código, verificações de integridade de software e auditoria da cadeia de suprimentos. Eles também colaboram com clientes, parceiros do setor e agências governamentais para identificar e corrigir sistemas comprometidos, restaurar a confiança em seus produtos e evitar futuros ataques à cadeia de suprimentos.

Estudo de caso 3: Ciberataque ao sistema de cronometragem Galileo[93] :

Em 2018, a Agência Europeia GNSS comunicou um ciberataque ao sistema de cronometragem Galileo, que afectou os sinais de navegação por satélite. Este incidente suscitou preocupações sobre as vulnerabilidades das infra-estruturas críticas que dependem de sinais de satélite.
O ciberataque ao sistema de cronometragem Galileo, em julho de 2018, perturbou os sinais de navegação por satélite, afetando a precisão e a fiabilidade das informações de posicionamento e de cronometragem fornecidas pelos satélites. O ataque suscitou preocupações sobre as vulnerabilidades das infraestruturas críticas que dependem de sinais de satélite para a navegação e a sincronização do tempo. O incidente levou a interrupções de serviço em indústrias e aplicações que dependem de informações precisas de posicionamento e cronometragem, incluindo transportes, telecomunicações e infra-estruturas críticas.
O ciberataque pôs em evidência as vulnerabilidades dos sistemas de navegação por satélite às ciberameaças, suscitando preocupações sobre a segurança e a resiliência das infra-estruturas críticas contra ataques maliciosos. A União Europeia e os Estados-Membros podem ter aplicado medidas de cibersegurança mais rigorosas para reforçar a proteção dos sistemas de navegação por satélite e das infra-estruturas críticas.
O ciberataque serviu de alerta para as partes interessadas no sector da navegação por satélite, levando a uma maior sensibilização e investimento em medidas de

[93] Agência Europeia do GNSS. (2018). Ataque cibernético ao sistema de cronometragem Galileo. In Agência do GNSS Europeu (Ed.), Relatório da Agência do GNSS Europeu.

cibersegurança para se protegerem contra futuras ameaças. As organizações que operam sistemas de navegação por satélite devem implementar medidas robustas de cibersegurança, incluindo deteção de intrusões, encriptação e auditorias de segurança regulares.

A colaboração e a partilha de informações entre agências internacionais, governos e partes interessadas da indústria são essenciais para partilhar informações sobre ameaças e responder eficazmente a ciberincidentes que visem infra-estruturas críticas. O planeamento da resiliência e a monitorização contínua são cruciais para identificar e resolver proactivamente as vulnerabilidades de segurança, reduzindo a probabilidade de êxito dos ciberataques. De um modo geral, o ciberataque ao sistema de cronometragem Galileo sublinha a importância da cibersegurança na proteção das infra-estruturas críticas e a necessidade de esforços de colaboração para fazer face à evolução das ciberameaças no sector da navegação por satélite.

Estudo de caso 4: Vulnerabilidade do telefone por satélite Iridium[94] :

Em 2012, os investigadores descobriram vulnerabilidades nos telefones por satélite Iridium que poderiam permitir aos atacantes intercetar as comunicações ou seguir a localização dos utilizadores. Este facto realçou os riscos de segurança associados aos dispositivos de comunicação por satélite.

Em 2012, a Iridium Communications, uma empresa global de comunicações por satélite, descobriu vulnerabilidades nos seus telefones por satélite, o que suscitou preocupações sobre a segurança dos dispositivos de comunicação por satélite. As vulnerabilidades foram identificadas nos mecanismos de encriptação e autenticação dos telefones, permitindo potencialmente aos atacantes intercetar comunicações ou seguir a localização dos utilizadores. As falhas foram encontradas nos algoritmos de encriptação e nos processos de gestão de chaves, que poderiam ser explorados por atacantes para escutar conversas ou falsificar dados de localização.

O incidente suscitou preocupações de privacidade entre os utilizadores, uma vez que a segurança das suas comunicações e informações de localização poderia ser comprometida por agentes maliciosos. Destacou também os riscos de segurança associados aos dispositivos de comunicação por satélite, particularmente em ambientes onde as redes

[94] "Pratt, J., Axelrad, P., Larson, K. M., Lesage, B., Gerren, R., & DiOrio, N. (2013). Estimativa de viés de relógio de satélite para iGPS. GPS Solutions, 17(3), 381-389. https://doi.org/10.1007/s10291-012-0286-4"

celulares tradicionais podem não estar disponíveis ou não ser fiáveis. As autoridades reguladoras e as organizações do sector podem ter emitido avisos e recomendações para resolver as vulnerabilidades dos telefones por satélite Iridium e melhorar a segurança dos sistemas de comunicações por satélite.

O incidente levou a uma maior consciencialização entre os utilizadores de telefones por satélite Iridium sobre a importância de proteger os seus dispositivos e de praticar uma boa higiene de segurança para reduzir o risco de exploração por parte dos atacantes. As principais lições aprendidas incluem a adesão às melhores práticas da indústria para encriptação e protocolos criptográficos, avaliações de segurança regulares e análise de vulnerabilidades, educação dos utilizadores sobre as melhores práticas de segurança e colaboração com investigadores de segurança.

De um modo geral, o incidente da vulnerabilidade do telefone por satélite Iridium sublinha a importância de medidas de segurança robustas nos sistemas de comunicação por satélite e a necessidade de uma monitorização e mitigação contínuas dos riscos de segurança para proteger a privacidade dos utilizadores e a integridade dos dados.

Estudo de caso 5: Hack da rede de satélites Globalstar[95] :

Em 2009, hackers terão violado a rede de satélites Globalstar, obtendo acesso não autorizado a dados de utilizadores e sistemas de controlo. Este incidente sublinhou a importância de proteger as redes de comunicações por satélite contra as ciberameaças.

Em 2009, a Globalstar, uma empresa de telecomunicações por satélite, sofreu uma violação de segurança significativa quando piratas informáticos obtiveram acesso não autorizado à sua rede de satélites, comprometendo os dados dos utilizadores e os sistemas de controlo. A violação afectou os serviços de comunicação por satélite da Globalstar, comprometendo potencialmente a confidencialidade, integridade e disponibilidade das comunicações dos utilizadores. Os piratas informáticos podem ter explorado fraquezas nos mecanismos de autenticação da rede, protocolos de encriptação ou vulnerabilidades de software para conseguir entrar. Uma vez lá dentro, poderiam ter acedido a informações sensíveis dos utilizadores, intercetado comunicações ou mesmo manipulado operações de satélite.

A violação resultou em interrupções de serviço, preocupações com a privacidade dos dados, controlo regulamentar e danos na reputação. As autoridades reguladoras podem ter iniciado investigações sobre a violação para avaliar a extensão dos danos, determinar

[95] "Lehrke, R. M., McGregor, L., Dyer, J., Stanley, M. C., & Dennis, T. E. (2017). Um recetor GPS de descarga por satélite de baixo custo para a vida selvagem: Ensaio de campo em cisnes negros. Wildlife Research, 44(6-7), 558-564. https://doi.org/10.1071/WR17064"

a conformidade regulatória e aplicar penalidades por quaisquer violações. O incidente pode ter prejudicado a reputação da Globalstar como um provedor de comunicação via satélite confiável e seguro, levando à perda de confiança entre clientes e partes interessadas.

As lições aprendidas com o hack da rede de satélites Globalstar incluem o reforço das medidas de segurança, a realização de auditorias de segurança regulares, a existência de planos abrangentes de resposta a incidentes e a colaboração com especialistas em cibersegurança para reforçar a segurança geral da rede. A pirataria da rede de satélites Globalstar serve para recordar a importância de medidas robustas de cibersegurança para proteger os sistemas de comunicação por satélite contra ameaças maliciosas, salvaguardar a privacidade dos utilizadores e manter a integridade das infra-estruturas críticas.

Estudo de caso 6: Vulnerabilidade do sistema de segurança da aviação da Inmarsat[96] :

Em 2018, investigadores de segurança identificaram vulnerabilidades no sistema de segurança da aviação fornecido pelo fornecedor de comunicações por satélite Inmarsat. Estas vulnerabilidades podem comprometer a segurança e a integridade das comunicações das aeronaves.

Em 2018, a Inmarsat, um dos principais fornecedores de serviços de comunicação por satélite, descobriu vulnerabilidades no seu sistema de segurança da aviação, suscitando preocupações quanto à integridade e segurança das comunicações críticas das aeronaves. As vulnerabilidades foram identificadas nos protocolos de comunicação ou nos componentes de software utilizados no sistema de segurança da aviação da Inmarsat, comprometendo potencialmente a segurança e a integridade das comunicações das aeronaves, colocando em risco as operações de voo e a segurança dos passageiros.

Os pormenores específicos das vulnerabilidades e da sua exploração não foram divulgados publicamente devido a preocupações de segurança e a potenciais implicações regulamentares. No entanto, a descoberta de tais vulnerabilidades realçou a importância de garantir a robustez e a segurança dos sistemas de comunicação por satélite utilizados na aviação.

As vulnerabilidades levantaram riscos potenciais para a segurança dos voos, uma vez que o comprometimento dos sistemas de comunicações poderia afetar funções críticas como o controlo do tráfego aéreo, a navegação e as comunicações de emergência. As

[96] "Notícias e pontos de vista". (1987). Aircraft Engineering and Aerospace Technology, 59(8), 34-35. https://doi.org/10.1108/eb036495"

autoridades reguladoras responsáveis pela segurança da aviação e pelas telecomunicações podem ter conduzido investigações sobre as vulnerabilidades para avaliar a sua gravidade, determinar a conformidade regulamentar e aplicar medidas corretivas.

O incidente pode ter abalado a confiança dos clientes nos serviços de segurança da aviação da Inmarsat, levando a preocupações entre as companhias aéreas, os fabricantes de aeronaves e as autoridades da aviação sobre a fiabilidade e a segurança das comunicações por satélite.

As lições aprendidas incluem a adoção de uma abordagem de segurança desde a conceção, a monitorização contínua da segurança, a colaboração e a partilha de informações, bem como a conformidade regulamentar. Estas lições sublinham a importância crítica da cibersegurança nos sistemas de comunicação por satélite utilizados na aviação e a necessidade de medidas proactivas para salvaguardar a segurança dos voos e o bem-estar dos passageiros.

Estudo de caso 7: Incidentes de empastelamento do GPS[97] :

Foram comunicados vários incidentes de empastelamento do GPS em todo o mundo, que afectaram os sistemas de navegação e comunicação por satélite. Estes incidentes põem em evidência a ameaça atual colocada pela interferência deliberada nos sinais de satélite. Os incidentes de interferência no GPS são uma ameaça global aos sistemas de navegação e comunicação por satélite, afectando vários sectores que dependem da tecnologia GPS. Estes incidentes ocorrem em várias regiões do mundo, incluindo aeroportos, rotas marítimas, instalações militares e locais de infra-estruturas críticas. A natureza do empastelamento do GPS envolve a transmissão deliberada de sinais de interferência para perturbar ou bloquear os sinais GPS, causando o mau funcionamento ou a perda de precisão dos sistemas de navegação.

Exemplos de incidentes de interferência no GPS incluem interrupções em aeroportos, navegação marítima, operações militares e infra-estruturas críticas. As perturbações nos aeroportos afectam os sistemas de navegação das aeronaves durante as operações de descolagem, aterragem e rolagem, podendo levar a atrasos ou desvios de voos. A navegação marítima pode resultar em erros de navegação, desvios de rota ou incidentes de encalhe, pondo em risco a segurança da tripulação e a segurança marítima. As operações militares enfrentam ameaças significativas às armas guiadas por GPS, aos veículos aéreos não tripulados (UAV) e às missões de reconhecimento, que podem ser

[97] "Darabseh, A., Bitsikas, E., & Tedongmo, B. (2019). Detectando incidentes de interferência de gps em dados opensky. Em EPiC Series in Computing (Vol. 67, pp. 97-108). EasyChair. https://doi.org/10.29007/1mmw"

utilizadas pelos adversários para prejudicar a eficácia militar e perturbar os sistemas de comando e controlo.

As infra-estruturas críticas, tais como centrais eléctricas, redes de telecomunicações e centros de transporte, podem interromper serviços essenciais e operações de infra-estruturas, afectando a segurança pública e a estabilidade económica. Os esforços de resposta e atenuação incluem a implementação de sistemas de deteção de interferências de GPS, o reforço dos regulamentos e das medidas de aplicação, o desenvolvimento de sistemas de navegação resilientes que incorporem tecnologias alternativas de posicionamento, navegação e cronometragem, e o reforço da cooperação internacional entre governos, agências reguladoras, partes interessadas da indústria e agências de aplicação da lei.

Em conclusão, os incidentes de empastelamento do GPS representam riscos significativos para os sistemas de navegação, comunicação e infra-estruturas críticas em todo o mundo. Para fazer face a estas ameaças, é necessária uma abordagem multifacetada que envolva inovação tecnológica, medidas regulamentares e esforços de colaboração para proteger os serviços e infra-estruturas dependentes do GPS contra interferências maliciosas.

4.12. Conclusão

Em conclusão, o capítulo de análise de dados forneceu informações valiosas sobre as percepções, opiniões e desafios relacionados com a análise crítica do direito espacial, a Internet baseada em constelações de satélites e o seu efeito na cibersegurança. Através da análise quantitativa, foram evidenciadas diferenças significativas nos pontos de vista dos inquiridos sobre a eficácia dos actuais quadros jurídicos espaciais na resposta às preocupações com a cibersegurança. A análise qualitativa revelou temas-chave como a necessidade de colaboração internacional, lacunas regulamentares e ciberameaças emergentes específicas da infraestrutura da Internet por satélite. Além disso, os estudos de casos de incidentes de cibersegurança notáveis sublinharam as implicações e vulnerabilidades do mundo real inerentes aos sistemas de comunicação por satélite. Globalmente, o capítulo de análise de dados contribui para uma compreensão abrangente da complexa interação entre o direito espacial, a tecnologia de satélites e a cibersegurança, salientando a importância de medidas proactivas para enfrentar os desafios emergentes e garantir a utilização responsável e segura das tecnologias da Internet baseadas em satélites.

CAPÍTULO 5: RESULTADOS E DISCUSSÃO

Esta secção analisa os resultados recolhidos e a discussão para avaliação do direito espacial internacional e do seu papel na resposta aos desafios e oportunidades apresentados pela tecnologia da Internet baseada em constelações de satélites. O direito espacial internacional, regido principalmente pelo Tratado do Espaço Exterior de 1967 e acordos subsequentes, constitui a pedra angular do quadro jurídico que rege as actividades humanas no espaço exterior. Os princípios do direito espacial internacional incluem a utilização pacífica do espaço exterior, a não apropriação de corpos celestes e a liberdade de exploração para todos os países. Estes princípios têm desempenhado um papel crucial na definição do quadro jurídico que rege as actividades espaciais e sublinham a necessidade de os Estados trabalharem em conjunto na exploração e utilização do espaço exterior para fins pacíficos.

É também analisada a relevância dos tratados espaciais internacionais no contexto das actividades espaciais contemporâneas, em especial da tecnologia Internet baseada em constelações de satélites. Estes tratados, redigidos nos primórdios da exploração espacial, têm demonstrado uma notável capacidade de adaptação a novos desafios. No entanto, à medida que a paisagem espacial evolui com a proliferação de satélites e a comercialização do espaço, surgem questões sobre a sua adaptabilidade. A investigação indica que, embora estes tratados continuem a ser relevantes, pode haver áreas em que exijam uma maior interpretação ou ajustamento para abordar eficazmente as questões emergentes. São também examinados os mecanismos de cumprimento e execução no âmbito do direito espacial internacional, sendo o cumprimento motivado pelo receio de repercussões internacionais e pelo desejo de proteger os interesses nacionais.

A avaliação aprofundada do direito espacial internacional revela a sua importância na orientação das actividades espaciais, incluindo a tecnologia da Internet baseada em constelações de satélites. Embora os princípios fundamentais do quadro jurídico permaneçam sólidos, a investigação salienta a natureza evolutiva das actividades espaciais e a potencial necessidade de adaptação contínua e de cooperação internacional. Esta compreensão prepara o terreno para uma análise mais aprofundada dos desafios e perspectivas específicos no contexto das constelações de satélites e informa os objectivos mais amplos da investigação.

Em conclusão, a avaliação da relevância dos tratados espaciais internacionais revela a sua importância duradoura como base para o direito espacial. Embora possam exigir interpretação e potencial adaptação face a novos desafios, estes tratados continuam a orientar as actividades espaciais com os seus princípios fundamentais de cooperação e utilização pacífica. A compreensão da sua relevância é fundamental para abordar os aspectos jurídicos da tecnologia das constelações de satélites e contribui para a análise mais alargada desta investigação.

Esta análise examina os mecanismos de cumprimento e execução no âmbito do direito espacial internacional, centrando-se na sua eficácia para garantir o cumprimento das obrigações legais no domínio da tecnologia da Internet baseada em constelações de satélites. O estudo realça o papel central desempenhado pelos interesses nacionais como fator de cumprimento, com os Estados motivados a cumprir as suas obrigações principalmente devido ao seu desejo de salvaguardar os seus interesses nacionais e manter o seu estatuto na comunidade espacial global.

A investigação também destaca os desafios associados à aplicação do direito espacial internacional, uma vez que o espaço exterior carece de uma autoridade de policiamento global, tornando a aplicação fortemente dependente da cooperação e da transparência entre Estados. A ausência de medidas punitivas claras pode levar a desafios na responsabilização dos Estados não cumpridores, particularmente no contexto das mega-constelações de satélites, onde podem surgir questões relacionadas com a gestão de detritos espaciais, interferências de radiofrequência e vulnerabilidades de cibersegurança.

A cooperação internacional entre Estados é um elemento fundamental para garantir o cumprimento do direito espacial internacional. As organizações e fóruns internacionais fornecem plataformas para os Estados colaborarem, partilharem informações e trabalharem para objectivos comuns, tais como os relacionados com a mitigação de detritos espaciais ou a prevenção de interferências prejudiciais. Estes esforços de colaboração têm-se revelado promissores na resolução dos desafios de conformidade.

A transparência nas actividades espaciais surge como um fator-chave na promoção do cumprimento. É mais provável que os Estados cumpram as suas obrigações legais quando têm a certeza de que outros intervenientes também o fazem. A transparência pode ajudar a criar confiança e reduzir a possibilidade de mal-entendidos ou litígios.

A avaliação dos mecanismos de cumprimento e execução no âmbito do direito espacial internacional sublinha a complexidade e a natureza única da regulamentação das actividades espaciais. O cumprimento é muitas vezes motivado por interesses nacionais e a aplicação depende fortemente da colaboração e da transparência. Compreender estes aspectos é essencial para abordar o quadro jurídico que envolve as constelações de satélites.

A avaliação da eficácia do direito espacial na abordagem das questões da Internet relacionadas com as constelações de satélites realça o papel fundamental do quadro jurídico existente, destacando simultaneamente os domínios que podem exigir um maior aperfeiçoamento ou interpretação. As complexidades introduzidas pelas mega-constelações exigem uma análise cuidadosa do panorama regulamentar, da gestão dos detritos espaciais, da coordenação do espetro, da prevenção de colisões e da intersecção com a cibersegurança e a privacidade dos dados.

1. Cooperação internacional e preocupações com a cibersegurança

O estudo concluiu que uma maioria significativa dos inquiridos (90%) concordou que a cooperação internacional é necessária para mitigar os riscos de cibersegurança associados à Internet baseada em constelações de satélites. Este elevado nível de concordância sublinha a natureza interligada das preocupações de cibersegurança nos sistemas de Internet por satélite, realçando a necessidade de esforços de colaboração entre os Estados para enfrentar eficazmente estes desafios.

2. Eficácia da atual legislação espacial

A maioria dos inquiridos (90%) mostrou-se confiante de que a atual legislação espacial trata adequadamente as questões de cibersegurança relacionadas com a Internet baseada em constelações de satélites. Isto indica uma forte confiança na capacidade do atual quadro legislativo para gerir e atenuar os desafios da cibersegurança nos sistemas Internet baseados em satélites. No entanto, uma pequena percentagem de inquiridos (8%) manifestou reservas ou incertezas quanto à suficiência da atual legislação espacial para resolver estas questões.

3. Impacto da Internet baseada em constelações de satélites na cibersegurança

Uma maioria significativa dos inquiridos (80%) discordou fortemente da ideia de que a Internet baseada em constelações de satélites não tem impacto nas questões de cibersegurança. Em vez disso, acreditam que, embora a Internet por satélite possa reduzir os perigos da cibersegurança, o impacto pode não ser significativo. Isto evidencia uma compreensão diferenciada entre os inquiridos no que respeita à relação entre a Internet baseada em constelações de satélites e as preocupações com a cibersegurança.

4. Necessidade de regulamentação específica

O estudo revelou que a maioria dos inquiridos (60%) defende a aplicação de regulamentação específica que regule a cibersegurança da Internet baseada em constelações de satélites. Isto indica um forte apoio a medidas específicas para fazer face aos riscos de cibersegurança associados aos sistemas Internet baseados em satélites. Embora alguns inquiridos tenham discordado ou manifestado incerteza, a maioria é a favor de medidas regulamentares proactivas para atenuar as ameaças à cibersegurança.

5. Confiança na legislação espacial e na segurança das infra-estruturas

A maioria dos inquiridos (85%) mostrou-se confiante de que a atual legislação espacial protege adequadamente as redes Internet baseadas em constelações de satélites contra ciberataques. Do mesmo modo, a maioria dos inquiridos (85%) considera que a infraestrutura da Internet baseada em constelações de satélites é intrinsecamente segura contra ciberameaças. Estas conclusões sublinham um elevado nível de confiança tanto no quadro jurídico como nas medidas de segurança que envolvem os sistemas Internet baseados em satélites.

6. Importância da colaboração internacional

A colaboração internacional surgiu como um fator crucial no combate às questões de cibersegurança nos sistemas Internet baseados em constelações de satélites. A maioria dos inquiridos (95%) concordou plenamente com a importância da colaboração entre as partes interessadas internacionais para enfrentar estes desafios. Este apoio generalizado à cooperação internacional reflecte o reconhecimento entre os inquiridos de que a cibersegurança nos sistemas Internet baseados em satélites exige uma ação colectiva e uma coordenação a nível mundial.

7. Prioridade da cibersegurança em relação à acessibilidade e ao preço acessível

De um modo geral, o estudo salienta o sentimento predominante de que as preocupações com a cibersegurança devem ter precedência sobre as considerações de acessibilidade e viabilidade económica na implantação da Internet via satélite. Este facto sublinha a importância de dar prioridade a medidas de segurança para proteger os sistemas Internet baseados em constelações de satélites contra potenciais ciberameaças.

8. Prioridade da cibersegurança em relação à acessibilidade e ao preço

A investigação indica que uma maioria significativa dos inquiridos (85%) acredita firmemente que a implantação da Internet baseada em constelações de satélites deve dar prioridade à cibersegurança em relação à acessibilidade e ao preço. Este sentimento é ainda apoiado por 10% dos inquiridos. No entanto, uma pequena percentagem (2%) discorda, o que sugere uma divergência de prioridades entre os inquiridos relativamente à implementação de sistemas de Internet por satélite.

9. Questões jurídicas e cibercrimes

Uma maioria substancial dos inquiridos (80%) concorda que as actuais regras internacionais são insuficientes para resolver as dificuldades de jurisdição criadas pelos cibercrimes nas redes Internet baseadas em constelações de satélites. Este sentimento é partilhado por 10% dos inquiridos, enquanto uma minoria é indiferente ou manifesta discordância. Estas conclusões sublinham a perceção das insuficiências dos actuais quadros jurídicos para enfrentar os desafios da cibersegurança nos sistemas Internet baseados em satélites.

10. Benefícios percebidos da Internet baseada em constelações de satélites

O estudo revela que a maioria dos inquiridos (90%) concorda que os benefícios dos serviços de Internet baseados em constelações de satélites são superiores aos riscos de cibersegurança. Este ponto de vista é amplamente apoiado, com apenas uma pequena fração (1%) a ser neutra e 3% a manifestar ceticismo. Além disso, a maioria dos inquiridos demonstra um elevado nível de sensibilização para os riscos associados à Internet por satélite, o que reforça ainda mais a perceção das vantagens destes serviços em relação às preocupações com a cibersegurança.

11. Integração do direito espacial, da tecnologia dos satélites e dos princípios de cibersegurança

A esmagadora maioria dos inquiridos acredita que a integração do direito espacial, da tecnologia da Internet via satélite e dos princípios de cibersegurança pode melhorar a governação mundial, promover a paz mundial e dissuadir as ciberameaças. Embora a maioria apoie este ponto de vista, alguns inquiridos manifestam desacordo ou ambivalência quanto à importância de estabelecer medidas jurídicas e de segurança sólidas para fazer face às crescentes ciberameaças às infra-estruturas da Internet via satélite.

12. Impacto da legislação espacial nacional e dos regulamentos em matéria de cibersegurança

As opiniões variam no que respeita à influência das leis espaciais nacionais e da regulamentação da cibersegurança no desenvolvimento e funcionamento dos sistemas de Internet via satélite. Enquanto alguns inquiridos consideram que existe um impacto significativo, outros podem não ver estes regulamentos como um obstáculo à adoção e ao funcionamento dos sistemas de Internet via satélite na mesma medida. Justifica-se um debate e uma investigação mais aprofundados para explorar estes pontos de vista divergentes.

13. Importância da harmonização das normas jurídicas e de segurança

As opiniões são díspares no que respeita aos benefícios da harmonização dos requisitos legais e de segurança entre países para melhorar a cooperação internacional no domínio da tecnologia da Internet por satélite. Embora muitos inquiridos permaneçam neutros, uma parte significativa concorda que a harmonização pode beneficiar a cooperação internacional. No entanto, alguns inquiridos discordam, o que sugere a necessidade de uma maior exploração e criação de consensos sobre esta questão.

14. Necessidade de um quadro jurídico-segurança global

A maioria dos inquiridos considera que um quadro jurídico-segurança abrangente é essencial para fazer face às ciberameaças dos serviços Internet baseados em constelações de satélites. Defendem vivamente uma governação proactiva da cibersegurança e um acesso igualitário à Internet por satélite. No entanto, uma pequena minoria manifesta o seu desacordo, salientando perspectivas diferentes sobre a necessidade e a aplicação desse quadro.

15. Percepções da análise de regressão quantitativa

A análise de regressão quantitativa revela que factores como a cooperação internacional, a forte concordância e a discordância influenciam significativamente as respostas aos desafios de cibersegurança relacionados com a Internet por satélite. Embora certas variáveis preditoras demonstrem impactos significativos, outras podem não ter um efeito estatisticamente significativo nas respostas da escala Likert.

16. Eficácia do quadro jurídico espacial

A análise dos dados revela diferenças significativas na perceção da eficácia do atual quadro jurídico espacial e do ambiente regulamentar na resposta aos desafios e perspectivas da tecnologia da Internet baseada em constelações de satélites. Uma notável maioria dos inquiridos (82%) concorda plenamente que o quadro jurídico espacial pode resolver eficazmente estas questões, sublinhando a importância dos quadros regulamentares na gestão dos desafios tecnológicos dos sistemas Internet baseados em satélites.

17. Eficácia dos sistemas jurídicos e regulamentares

A complexidade da tecnologia Internet baseada em constelações de satélites é gerida, em grande medida, por sistemas jurídicos e regulamentares, considerados cruciais para manter e melhorar a segurança e a viabilidade. O atual quadro jurídico e o ambiente regulamentar são considerados mais eficazes do que o anterior. Os inquiridos do Grupo H1 obtiveram uma pontuação média mais elevada (4,63) em comparação com o Grupo H0 (2,85), o que sugere que o quadro e o ambiente regulamentar existentes são melhores para gerir as questões e o potencial da tecnologia da Internet baseada em constelações de satélites.

18. Ideias a partir de perguntas abertas

As perguntas abertas forneceram dados ricos e contextualmente relevantes sobre as ameaças à infraestrutura da Internet baseada em satélites, as lacunas regulamentares e a necessidade de rever as regras de cibersegurança. Os participantes salientaram a importância de quadros abrangentes de cibersegurança, acordos internacionais, maior transparência e sensibilização do público para melhorar a utilização responsável e segura das tecnologias da Internet baseadas em constelações de satélites.

19. Crítica do atual quadro regulamentar

O atual quadro regulamentar dos serviços Internet baseados em constelações de satélites é criticado pela sua falta de especificidade, de coordenação internacional e de avaliação e atenuação dos riscos. As partes interessadas apelam a uma legislação clara e abrangente em matéria de cibersegurança, à cooperação internacional e a requisitos legislativos sólidos que dêem prioridade à gestão dos riscos e ao reforço da resiliência. São salientadas as lacunas da legislação espacial em vigor, como a falta de regras de cibersegurança e a fragmentação das iniciativas regulamentares, apelando a abordagens inovadoras, quadros regulamentares actualizados e esforços coordenados para fazer face às ciberameaças emergentes.

Análise de estudos de casos selecionados:

Vários estudos de caso ilustram as vulnerabilidades e os desafios de cibersegurança associados aos sistemas Internet por satélite:

GPS Spoofing on Navigation Satellites: Explora um ataque de falsificação de GPS que perturba a conetividade com a Internet e desorienta navios e aviões, destacando as fragilidades dos protocolos de comunicação e da autenticação do recetor.

Ataque à cadeia de suprimentos da SolarWinds: Discute um ataque à cadeia de fornecimento da SolarWinds, salientando a propagação de actualizações maliciosas a milhares de clientes e a necessidade de medidas de segurança melhoradas e auditorias à cadeia de fornecimento.

Ciberataque ao sistema de cronometragem Galileo: Examina um ataque informático ao sistema de cronometragem Galileo, suscitando preocupações sobre a segurança das infra-estruturas críticas e apelando a uma maior sensibilização e colaboração em matéria de cibersegurança.

Vulnerabilidade dos telefones por satélite Iridium: Discute as vulnerabilidades dos telefones por satélite Iridium, salientando a importância de medidas de segurança fortes e da colaboração com investigadores de segurança para resolver as falhas de encriptação e autenticação.

Globalstar Satellite Network Hack: Explora a pirataria informática na rede de satélites da Globalstar, destacando o impacto na privacidade dos utilizadores, as interrupções de serviço e a importância de medidas sólidas de cibersegurança para proteger as redes de comunicação.

Vulnerabilidade do sistema de segurança da aviação da Inmarsat: Discute as falhas no sistema de segurança da aviação da Inmarsat, enfatizando a necessidade de sistemas de comunicação seguros baseados em satélites de aviação para garantir a segurança dos passageiros e manter a confiança nos prestadores de serviços.

Interferência do GPS: Explora a questão global do empastelamento do GPS que afecta os sistemas de navegação e comunicação, salientando a necessidade de inovação técnica, medidas legislativas e cooperação internacional para mitigar os riscos e proteger as infra-estruturas críticas.

Discussão

As conclusões do estudo sublinham o papel fundamental da cooperação internacional e dos quadros regulamentares na abordagem dos desafios de cibersegurança associados aos sistemas Internet baseados em constelações de satélites. Apesar da confiança geral na atual legislação espacial e na segurança das infra-estruturas, é reconhecida a necessidade de regulamentação específica e de esforços de colaboração para atenuar eficazmente os riscos de cibersegurança. Estes conhecimentos fornecem orientações valiosas para os decisores políticos e as partes interessadas no sentido de reforçar a resiliência e a segurança dos sistemas de Internet baseados em satélites à escala mundial. Em geral, a investigação fornece informações valiosas sobre as percepções dos participantes, as tendências e as potenciais implicações políticas no que respeita à intersecção do direito espacial, da tecnologia dos satélites e da cibersegurança. As conclusões sublinham a importância de dar prioridade à cibersegurança na implantação da Internet por satélite, de enfrentar os desafios jurídicos relacionados com os cibercrimes e de integrar os quadros jurídico-segurança para atenuar eficazmente as ciberameaças. Estes conhecimentos contribuem para uma melhor compreensão da complexa dinâmica que envolve os sistemas de Internet baseados em constelações de satélites e informam os futuros esforços políticos e regulamentares neste domínio. As conclusões salientam o papel fundamental dos quadros jurídicos e regulamentares na gestão da complexidade da tecnologia da Internet baseada em constelações de satélites e na resposta aos desafios da cibersegurança. As respostas abertas fornecem informações valiosas sobre as perspectivas das partes interessadas e sublinham a necessidade de uma legislação abrangente em matéria de cibersegurança, de cooperação internacional e de medidas de segurança reforçadas para proteger os sistemas Internet baseados em satélites. A análise dos estudos de casos sublinha ainda mais as vulnerabilidades e os riscos associados à infraestrutura da Internet baseada em satélites, realçando a importância de medidas proactivas e de esforços de colaboração para garantir a segurança e a viabilidade destes sistemas.

CAPÍTULO 6: CONCLUSÃO E SUGESTÃO

O aparecimento de sistemas de Internet baseados em constelações de satélites representa um salto transformador na conetividade global, prometendo colmatar as clivagens digitais e revolucionar as redes de comunicação. No entanto, no meio dos rápidos avanços na tecnologia dos satélites, as preocupações com as vulnerabilidades da cibersegurança são grandes, colocando desafios significativos à segurança e viabilidade destes sistemas. Esta conclusão tem por objetivo sintetizar as principais conclusões e propor estratégias para reforçar a segurança e a viabilidade dos sistemas Internet baseados em constelações de satélites através de quadros jurídicos, regulamentares e de cibersegurança eficazes.

Os quadros jurídicos e regulamentares desempenham um papel fundamental na gestão da complexidade da tecnologia da Internet baseada em constelações de satélites e na proteção contra as ameaças à cibersegurança. A nossa investigação sublinha a importância crucial de sistemas jurídicos e regulamentares sólidos para enfrentar os desafios emergentes e garantir a implantação responsável e segura de sistemas Internet baseados em satélites. Os participantes mostraram-se confiantes na eficácia dos actuais quadros jurídicos, embora com sugestões de melhorias para colmatar lacunas e reforçar as disposições em matéria de cibersegurança.

Com base nas conclusões retiradas das respostas abertas e dos estudos de caso, surgem várias recomendações para uma reforma política e regulamentar destinada a reforçar a segurança e a viabilidade da

Sistemas de Internet baseados em constelações de satélites:

Legislação abrangente em matéria de cibersegurança: Há uma necessidade premente de legislação clara e abrangente em matéria de cibersegurança, adaptada aos desafios únicos colocados pelos sistemas de Internet por satélite. Essa legislação deve dar prioridade à gestão dos riscos, ao reforço da resiliência e à cooperação internacional para atenuar eficazmente as ciberameaças.

Colaboração internacional: Dada a natureza transnacional das ameaças à cibersegurança, é essencial uma maior colaboração internacional para colmatar as lacunas regulamentares e harmonizar os quadros jurídicos entre jurisdições. Os acordos multilaterais e os mecanismos de partilha de informações podem facilitar as respostas colectivas às ciberameaças, promovendo um ciberespaço global mais seguro e interligado.

Requisitos regulamentares rigorosos: Os organismos reguladores devem impor requisitos rigorosos aos operadores de satélites e aos fornecedores de serviços para garantir a adesão às melhores práticas de cibersegurança. Avaliações de risco obrigatórias, auditorias de segurança e quadros de conformidade podem ajudar a reforçar a resiliência da infraestrutura da Internet por satélite contra ciberataques.

Sensibilização e educação do público: O aumento das iniciativas de sensibilização e educação do público é crucial para capacitar os utilizadores e as partes interessadas com os conhecimentos e as competências necessárias para reconhecer e atenuar os riscos de cibersegurança. Programas de sensibilização, workshops de formação e campanhas educativas podem aumentar a consciencialização sobre a utilização segura e responsável das tecnologias da Internet por satélite.

Para além das reformas políticas e regulamentares, é essencial tirar partido da tecnologia e da inovação para aumentar a segurança e a viabilidade dos sistemas Internet baseados em constelações de satélites:

Encriptação e autenticação avançadas: A implementação de algoritmos de encriptação avançados e de mecanismos de autenticação pode fortalecer os canais de comunicação por satélite contra o acesso não autorizado e a violação de dados. Protocolos de encriptação fortes e técnicas criptográficas são fundamentais para salvaguardar informações sensíveis transmitidas através de redes de satélites.

Monitorização contínua e informações sobre ameaças: A implementação de sistemas robustos de monitorização e de informações sobre ameaças permite a deteção proactiva e a atenuação das ciberameaças que visam a infraestrutura da Internet baseada em satélites. A monitorização em tempo real, a deteção de anomalias e a partilha de informações sobre ameaças melhoram o conhecimento da situação e permitem uma resposta rápida às ameaças emergentes.

Arquitetura de satélite resiliente: A conceção de arquitecturas de satélites resilientes com redundância incorporada e mecanismos de recuperação de falhas aumenta a resiliência dos sistemas de Internet por satélite contra perturbações e ciberataques. As ligações de comunicação redundantes, os sistemas de reserva e os planos de emergência reforçam a disponibilidade e a fiabilidade dos serviços de satélite face às ciberameaças.

Em conclusão, a segurança e a viabilidade dos sistemas de Internet baseados em constelações de satélites dependem de esforços concertados para reforçar os quadros jurídico, regulamentar e de cibersegurança. Como a tecnologia dos satélites continua a evoluir e a proliferar, são imperativas medidas proactivas para mitigar os riscos de cibersegurança e garantir o funcionamento ininterrupto dos serviços Internet por satélite. A colaboração entre governos, organismos reguladores, partes interessadas da indústria e a comunidade internacional é fundamental para colmatar as lacunas regulamentares, promover a inovação e salvaguardar a integridade da infraestrutura da Internet por satélite. Ao adotar uma abordagem multifacetada que englobe a reforma política, a inovação tecnológica e a cooperação global, podemos preparar o caminho para um futuro digital seguro, resiliente e inclusivo, alimentado por sistemas de Internet baseados em constelações de satélites.

Olhando para o futuro, há várias vias para mais investigação que podem aprofundar a nossa compreensão da complexa interação entre o direito espacial, os sistemas de Internet baseados em constelações de satélites e a cibersegurança. As recomendações que se seguem descrevem potenciais áreas de investigação futura:

Avaliação do impacto regulamentar: Realizar estudos exaustivos para avaliar o impacto dos quadros regulamentares existentes e propostos na segurança, viabilidade e inovação dos sistemas Internet baseados em constelações de satélites. Analisar a eficácia das medidas regulamentares na resposta aos desafios da cibersegurança e na promoção do desenvolvimento sustentável na indústria dos satélites.

Cooperação internacional e modelos de governação: Explorar modelos e mecanismos alternativos de governação para promover a cooperação internacional na abordagem das ameaças à cibersegurança dos sistemas Internet baseados em satélites. Investigar o papel das organizações internacionais, tratados e acordos multilaterais na harmonização dos quadros jurídicos e no reforço da resiliência da cibersegurança à escala mundial.

Inovações tecnológicas e soluções de segurança: Investigar as tecnologias emergentes e as soluções de segurança destinadas a atenuar os riscos de cibersegurança nos sistemas Internet baseados em constelações de satélites. Avaliar a eficácia das técnicas de cifragem, dos mecanismos de autenticação, dos sistemas de deteção de intrusões e de outras ferramentas de cibersegurança na proteção dos canais de comunicação por satélite contra as ciberameaças.

Comportamento dos utilizadores e perceção dos riscos: Examinar o comportamento dos utilizadores e a perceção dos riscos em relação aos serviços Internet baseados em satélites, especialmente no que diz respeito às preocupações com a cibersegurança.

Realizar inquéritos, grupos de reflexão e experiências comportamentais para compreender as atitudes dos utilizadores, os níveis de sensibilização e as estratégias de atenuação dos riscos no contexto dos sistemas Internet baseados em constelações de satélites.

Impacto dos ciberataques e estratégias de resiliência: Analisar incidentes reais de ciberataques a infra-estruturas de Internet por satélite e avaliar o seu impacto na disponibilidade, fiabilidade e segurança dos serviços. Investigar estratégias de resiliência, planos de contingência e medidas de recuperação empregues por operadores de satélites e fornecedores de serviços para atenuar o impacto dos ciberataques e garantir a continuidade do negócio.

Considerações legais e éticas: Explorar as implicações legais e éticas das medidas de cibersegurança implementadas em sistemas de Internet baseados em constelações de satélites. Investigar questões como a privacidade dos dados, a soberania, a responsabilidade e a jurisdição no contexto dos serviços Internet baseados em satélites e avaliar as suas implicações para a conformidade regulamentar e a cooperação internacional.

Avaliação das políticas e perspectivas das partes interessadas: Avaliar a eficácia das intervenções políticas e das medidas regulamentares na abordagem dos desafios da cibersegurança na perspetiva de diversas partes interessadas, incluindo agências governamentais, organismos reguladores, associações industriais e organizações da sociedade civil. Realizar consultas às partes interessadas, entrevistas e análises de políticas para identificar lacunas, obstáculos e oportunidades para melhorar os quadros regulamentares e reforçar a resiliência da cibersegurança.

Bibliografia

Livros:

1. Abhijeet, K., & Abhijeet, K. (2020). Regime jurídico das actividades espaciais na Índia. National Space Legislation for India: Proposal for a Draft Framework, 87-112.
2. Grunert, J. (2022). Outer Space Law and the Concept of "Peaceful Purposes" [A Lei do Espaço Exterior e o Conceito de "Fins Pacíficos"]. In The United States Space Force and the Future of American Space Policy (pp. 11-46). Brill Nijhoff.
3. Kasturirangan, K. (2021). A empresa espacial da Índia: Strategic Thinking and Planning. Space and Beyond: Professional Voyage of K. Kasturirangan, 67-87.
4. Pelton, J.N., Dahlstrom, E. (2020). Pequenos satélites e o papel governamental no desenvolvimento de novas tecnologias, serviços e mercados. Em: Pelton, J.N., Madry, S. (eds) Handbook of Small Satellites. Springer, Cham.
5. Steer, C., & Hersch, M. (Eds.). (2020). Guerra e paz no espaço exterior: Law, Policy, and Ethics. Oxford University Press.
6. Vettor, A. (2023). Sistemas espaciais para comunicações ópticas.
7. Vettorel, A. (2023). Cibersegurança no Novo Espaço: Soft Law e Regulação Privada Transnacional. Em Rights of Individuals in an Earth Observation and Satellite Navigation Environment (Direitos dos indivíduos num ambiente de observação da Terra e navegação por satélite) (pp. 237-264). Brill Nijhoff.

Artigos:

1. Abhijeet, K., & Abhijeet, K. (2020). Regime jurídico das actividades espaciais na Índia. National Space Legislation for India: Proposal for a Draft Framework, 87-112.
2. Behrens, J. R., & Lal, B. (2019). Explorando tendências no ecossistema global de pequenos satélites. New Space, 7(3), 126-136.
3. Botezatu, U. E., Bucovetchi, O., Gheorghe, A. V., & Stanciu, R. D. (2023). Fortalecimento da resiliência urbana: Understanding the Interdependencies of Outer Space and Strategic Planning for Sustainable Smart Environments (Compreender as interdependências do espaço exterior e o planeamento estratégico para ambientes inteligentes sustentáveis). Smart Cities, 6(5), 2499-2518.
4. Henarejos, P., & Pérez-Neira, A. I. (2023). Segurança baseada em polarização: Safeguarding Wireless Communications at the Physical Layer. arXiv preprint arXiv:2307.07244.

5. Koskina, A., & Angelopoulou, K. (2022). Space Sustainability in the Context of Global Space Governance (Sustentabilidade Espacial no Contexto da Governação Espacial Global). Athena-Critical Inquiries in Law, Philosophy and Globalization, 2(1), 29-72.
6. Krishnamurthy, V. (2020). Ciberataques no espaço exterior: A Study. Supremo Amicus, 20, 584.
7. Liu, M., Qu, N., Tang, J., Chen, Y., Song, H., & Gong, F. (2020). Estimativa de sinal em redes de satélites cognitivos para internet industrial das coisas baseada em satélite. IEEE Transactions on Industrial Informatics, 17(3), 2062-2071.
8. Mai'a, K. (2022). A segurança espacial e a relação transatlântica. Política e Governação, 10(2), 134-143.
9. Murtaza, A., Pirzada, S. J. H., Xu, T., & Jianwei, L. (2020). Ameaça de detritos orbitais para a sustentabilidade espacial e o caminho a seguir. Acesso IEEE, 8, 61000-61019.
10. Neethu, N. (2020). POLÍTICAS QUE REGEM AS START-UPS ESPACIAIS NA ÍNDIA: LEGAL ISSUES AND CHALLENGES. Sensoriamento Remoto, 3(1).
11. Nichols, R. K., Carter, C. M., Hood, J. P., Jackson, M. J., Joseph, S., Larson, H., ... Slofer, W. (2022). Sistemas Espaciais: Tecnologias e operações emergentes.
12. Peled, R., Aizikovich, E., Habler, E., Elovici, Y., & Shabtai, A. (2023). Evaluating the Security of Satellite Systems. arXiv preprint arXiv:2312.01330.
13. Robinson, D. K., & Mazzucato, M. (2019). A evolução das políticas orientadas para a missão: Explorando a mudança de políticas de criação de mercado no sector espacial dos EUA e da Europa. Política de Investigação, 48(4), 936-948.
14. Sridhar, V., & Sridhar, V. (2019). Regulação do espetro: caso da banda V. Políticas e regulamentos emergentes em matéria de TIC: Roadmap to Digital Economies, 59-78.
15. Suwijak, C., & Shouping, L. (2021). Desafios legais para a construção e operação de pequenas constelações de satélites. JE Asia & Int'l L., 14, 131.
16. Yan, Y. (2019). Manutenção da sustentabilidade a longo prazo das actividades espaciais exteriores: Criação de um quadro regulamentar para orientar a organização de cooperação espacial Ásia-Pacífico e questões jurídicas selecionadas. Política Espacial, 47, 51-62.

Revistas:

1. Abraham, R., Schneider, J., & Vom Brocke, J. (2019). Governação de dados: A concetual framework, structured review, and research agenda. Revista internacional de gestão da informação, 49, 424-438.
2. Anant, V., Banerjee, S., Li, K., & Boehm, J. (2020). Uma mentalidade dupla de segurança cibernética para o próximo normal. Mckinsey Digital, recuperado em 17 de outubro de 2021.
3. Botezatu, U. E., Bucovetchi, O., Gheorghe, A. V., & Stanciu, R. D. (2023). Reforço da resiliência urbana: Understanding the Interdependencies of Outer Space and Strategic Planning for Sustainable Smart Environments (Compreender as interdependências do espaço exterior e o planeamento estratégico para ambientes inteligentes sustentáveis). Smart Cities, 6(5), 2499-2518.
4. Chen, M., Shao, J., Huang, X., Su, L., He, S., & Du, H. (2022, novembro). Análise e melhoria de segurança para integração de satélite e rede móvel. Em 2022 Conferência Internacional IEEE sobre Comunicação, Redes e Satélite (COMNETSAT) (pp. 469-474). IEEE.
5. Fraire, J. A., Céspedes, S., & Accettura, N. (2019, setembro). Diret-to-satellite IoT-a survey of the state of the art and future research perspectives: Backhauling da IoT através de satélites LEO. Na Conferência Internacional sobre Redes Ad-Hoc e Sem Fio (pp. 241-258).
6. Georgescu, A., Vevera, A. V., & Cîrnu, C. E. (2020). Infra-estruturas espaciais críticas - uma comparação com CI terrestre. Infra-estruturas espaciais: Do risco à governação da resiliência, 57, 7.
7. Graydon, M., & Parks, L. (2020). "Connecting the unconnected": uma avaliação crítica dos serviços de Internet por satélite dos EUA. Media, Cultura e Sociedade, 42(2), 260-276.
8. Horn, M. P. M. (2023). Análise crítica, do ponto de vista do direito internacional, do quadro regulamentar do Reino Unido para as actividades espaciais e de grande altitude no contexto da evolução tecnológica e das tensões geopolíticas (dissertação de doutoramento, Universidade de Lincoln).
9. Jha, D., Manti, N. P., Carlo, A., Zarkan, L. C., Breda, P., & Jha, A. (2022). Salvaguardando a fronteira final: Analisando os desafios jurídicos e técnicos das mega-constelações. Journal of Space Safety Engineering, 9(4), 636-643.

10. Mai'a, K. (2022). A segurança espacial e a relação transatlântica. Política e Governação, 10(2), 134-143.

11. Murtaza, A., Pirzada, S. J. H., Xu, T., & Jianwei, L. (2020). Ameaça de detritos orbitais para a sustentabilidade espacial e o caminho a seguir. Acesso IEEE, 8, 61000-61019.

12. Neethu, N. (2020). POLÍTICAS QUE REGEM AS START-UPS ESPACIAIS NA ÍNDIA: LEGAL ISSUES AND CHALLENGES. Sensoriamento Remoto, 3(1).

13. Roberts, M., Beischl, C., & Mosteshar, S. I. (2020). Pequenas constelações de satélites: implicações para a segurança nacional. Em Handbook of Small Satellites: Technology, Design, Manufacture, Applications, Economics and Regulation (pp. 863-883). Cham: Springer International Publishing.

14. Saxena, A. (2023). Política espacial da Índia e capacidades contra-espaciais. Strategic Analysis, 1-13.

15. Suwijak, C., & Shouping, L. (2021). Desafios legais para a construção e operação de pequenas constelações de satélites. JE Asia & Int'l L., 14, 131.

16. Viljoen, S. (2021). Uma teoria relacional da governação de dados. Yale LJ, 131, 573.

17. Wang, B., Chang, Z., Li, S., & Hämäläinen, T. (2022). Um esquema de autenticação baseado em blockchain eficiente e com preservação da privacidade para a Internet das Coisas assistida por satélite em órbita terrestre baixa. IEEE Transactions on Aerospace and Electronic Systems, 58(6), 5153-5164.

18. Yan, Y. (2019). Manutenção da sustentabilidade a longo prazo das actividades espaciais exteriores: Criação de um quadro regulamentar para orientar a organização de cooperação espacial Ásia-Pacífico e questões jurídicas selecionadas. Política Espacial, 47, 51-62.

19. Ye, Z., & Zhou, Q. (2021). Indicadores de avaliação de desempenho de redes dinâmicas espaciais sob mecanismo de difusão. Espaço: Ciência e Tecnologia.

Páginas Web:

1. Ministério da Defesa australiano. (2016). "Sistemas baseados no espaço no sector da defesa australiano: A Comprehensive Review". Camberra, Austrália: Australian Government Publishing.

2. Biden, J. R. (2021). Orientação estratégica de segurança nacional provisória. Casa Branca, 8.

3. Coykendall, J., Hardin, K., Brady, A., & Hussain, A. (2023, 22 de março). Aproveitando o crescimento exponencial no espaço: Maior investimento, infraestrutura aprimorada e tecnologias digitais podem desbloquear o potencial em todo o ecossistema espacial.

4. Kaul, R. (2020). Recent Space Reforms in India: Perspectives on Policy and Law. J. Space L., 44, 450.

5. PTI. (2023, outubro 27). O serviço de satélite OneWeb está pronto para ligar todas as partes do país a partir do próximo mês: Sunil Mittal. The New Indian Express.

6. Sanyal, J., & Hashwani, K. (2022, 19 de dezembro). Mudança de cenário das leis de comunicação por satélite na Índia. Trilegal, Bangalore.

7. Sarin & Co. (2021). In review: space law, regulation and policy in India. Lexologia.

8. Sat5G. Demonstração 5G do Consórcio SaT5G (2018).

9. Saxena, A. (2023). India's Space Policy and Counter-Space Capabilities. Strategic Analysis, 1-13

10. https://www.custommarketinsights.com/

11. Crescimento, dimensão, partilha, procura, tendências e previsões do mercado de constelações de satélites comerciais até 2032 (linkedin.com)

12. https://www.proind.in/

13. https://blog.ipleaders.in/

14. Disposições importantes da Lei TI de 2000: Salvaguarda dos espaços digitais (finology.in)

15. Lei de Proteção dos Dados Pessoais Digitais de 2023 | Ministério da Eletrónica e das Tecnologias da Informação, Governo da Índia (meity.gov.in)

16. Índia - A Lei de Proteção de Dados Pessoais Digitais, 2023 chega finalmente. - Lei Conventus

17. Acórdãos sobre a Lei TI, Acórdãos sobre Direito Cibernético, Jurisprudência Cibernética (itlaw.in)

Outros

1. Anant, V., Banerjee, S., Li, K., & Boehm, J. (2020). Uma mentalidade dupla de segurança cibernética para o próximo normal. Mckinsey Digital, recuperado em 17 de outubro de 2021.

2. Dai, C. Q., Zhang, M., Li, C., Zhao, J., & Chen, Q. (2020). Projeto de constelação de satélite inteligente com reconhecimento de QoE na Internet das Coisas por satélite. IEEE Internet of Things Journal, 8(6), 4855-4867.

3. Georgescu, A., Vevera, A. V., & Cîrnu, C. E. (2020). Infra-estruturas espaciais críticas - uma comparação com CI terrestre. Infra-estruturas espaciais: Do risco à governação da resiliência, 57, 7.

4. Horn, M. P. M. (2023). Análise crítica, do ponto de vista do direito internacional, do quadro regulamentar do Reino Unido para as actividades espaciais e de grande altitude no contexto da evolução tecnológica e das tensões geopolíticas (dissertação de doutoramento, Universidade de Lincoln).

APÊNDICE I

DISPOSIÇÕES DA LEI DAS TECNOLOGIAS DA INFORMAÇÃO DE 2000

A lei está dividida em 13 capítulos, 90 secções e 2 calendários. Os capítulos da lei são os seguintes

- O capítulo 1 trata da aplicabilidade da lei e das definições de várias terminologias utilizadas na lei.
- O Capítulo 2 aborda as assinaturas digitais e electrónicas.
- A governação eletrónica e os registos electrónicos são apresentados nos capítulos 3 e 4, respetivamente.
- O capítulo 5 está relacionado com a segurança destes registos e o capítulo 6 trata da regulamentação das autoridades de certificação.
- O capítulo 7 apresenta ainda os certificados necessários para emitir uma assinatura eletrónica.
- O Capítulo 8 estabelece os deveres dos subscritores e o Capítulo 9 descreve várias sanções.
- O capítulo 10 contém secções relativas ao tribunal superior.
- O capítulo 11 descreve várias infracções relacionadas com a violação de dados e as respectivas sanções.
- O capítulo 12 estabelece as circunstâncias em que os intermediários não são responsáveis por qualquer infração ou violação da privacidade dos dados.
- O último capítulo, ou seja, o capítulo 13, é o capítulo "Diversos".

Cibercrimes ao abrigo da lei sobre as tecnologias da informação de 2000

- Secção 43, que trata do acesso não autorizado e do roubo de dados.

- A secção 66 centra-se nos cibercrimes, como a pirataria informática e a usurpação de identidade.

- Secção 69, que confere ao governo a autoridade para intercetar e monitorizar informações para fins de segurança nacional.

- A secção 70 prevê a proteção das infra-estruturas críticas de informação. Estas disposições desempenham um papel significativo na proteção dos espaços digitais e na garantia da segurança das informações sensíveis.

Sanção por danos causados a computadores, sistemas informáticos, etc., ao abrigo da Lei TI:

Esta lei prevê a aplicação de sanções em caso de incumprimento. Seguem-se algumas das disposições em matéria de sanções previstas na lei.

- Alteração de documentos de origem informática:

  -As unidades de processamento de produtos químicos perigosos têm de garantir que os recipientes, as tubagens e as válvulas sejam testados periodicamente para travar estes acidentes.

- Envio de mensagens ofensivas através de um serviço de comunicação:

  -Prisão, que pode ir até três anos, com multa.

- Violação da privacidade:

  -Prisão até três anos ou multa que pode ir até dois lakh rupias, ou ambas as penas.

- Publicação para fins fraudulentos:

  -Prisão até dois anos ou multa que pode ir até um lakh rupias, ou ambas

- Publicação de informações de ausência em formato eletrónico:

  -Prisão até dez anos, ou multa até dois lakh rupias, ou ambas as penas.

- **Regras de Tecnologia da Informação (Autoridades de Certificação), 2000**
- **Regras relativas às tecnologias da informação (procedimento de segurança), 2004**
- **Regulamentos sobre Tecnologias da Informação (Autoridade de Certificação), 2001**

APÊNDICE II

LEI SOBRE A PROTECÇÃO DOS DADOS PESSOAIS DIGITAIS, 2023

A Lei DPDP reproduz muitos aspectos do RGPD da UE:

Uma lei que prevê o tratamento de dados pessoais digitais de uma forma que reconhece tanto o direito dos indivíduos a proteger os seus dados pessoais como a necessidade de tratar esses dados pessoais para fins lícitos e para questões conexas ou acessórias.

A Lei DPDP substituirá a Secção 43A da Lei das Tecnologias da Informação de 2000 ("Lei das TI") e as Regras das Tecnologias da Informação (Práticas e Procedimentos de Segurança Razoáveis e Dados ou Informações Pessoais Sensíveis) de 2011 ("Regras SPDI"), que constituíram até agora o quadro de proteção de dados da Índia.

APÊNDICE III

Aplicabilidade da Lei das Tecnologias da Informação, 2000

1) **Indian Evidence Act, 1872-** Nos termos da secção 65(B), a admissibilidade do registo eletrónico é importante.
2) **Lei dos Instrumentos Negociáveis, 1881** - Secção 13
3) **Lei das procurações, 1882** - Secção 1A
4) **Indian Trusts Act, 1882** - Secção 3
5) **Indian Succession Act, 1925** - Qualquer testamento, incluindo disposição testamentária
6) **Lei do Banco da Reserva da Índia de 1934 - Secção 58 (2), cláusula (P)** Prevê o reconhecimento dos livros de contabilidade mantidos em formato eletrónico, regulamentados pelo RBI.
7) **Telecom Regulatory Authority of India Act, 1997-** De acordo com a **secção 48** da lei, o tribunal de resolução de litígios e de recurso no domínio das telecomunicações, nos termos da secção 14.
8) **Código de Processo Civil de 1908** - Os mesmos poderes atribuídos a um tribunal civil ao abrigo do Código.
9) **Lei de 1891 relativa à prova de livros bancários**
10) **Código Penal Indiano de 1860 -** Secção 91 a Secção 94

APÊNDICE IV

Lei Modelo das Nações Unidas sobre o Comércio Eletrónico de 1996 (Modelo UNCITRAL)

Lei das Tecnologias da Informação, 2000

Esta lei sobre as tecnologias da informação baseia-se na lei modelo das Nações Unidas sobre o comércio eletrónico de 1996 (modelo UNCITRAL), sugerida pela Assembleia Geral das Nações Unidas numa resolução de 30 de janeiro de 1997.

APÊNDICE V

LEIS DE PROCESSO

A. Secção 2: Definições - Computador, rede informática, etc.

1. K. Ramajayam V. O Inspetor da Polícia

[O DVR é um registo eletrónico na aceção da secção 2(t) da Lei sobre as Tecnologias da Informação de 2000, uma vez que armazena dados em formato eletrónico e é igualmente capaz de produzir dados].

2. Syed Asifuddin e Ors. contra o Estado de Andhra Pradesh [2005 CriLJ 4314].

Resumo: Os aparelhos do modelo Reliance deviam ser utilizados exclusivamente pela Reliance India Mobile Limited, mas os membros do pessoal da TATA Indicom, que figuravam como arguidos, adulteraram aparelhos digitais CDMA pré-programados pertencentes à Reliance Infocomm e activaram a rede da TATA Indicom por todos os meios duvidosos. A infração foi considerada como tendo sido cometida ao abrigo da Secção 65 da Lei sobre a Informática.

3. Diebold Systems Pvt. Ltd. vs The Commissioner of Commercial Tax [2006 144 STC 59 Kar]

B. Secção 43: Sanção e indemnização por danos causados a computadores, sistemas informáticos, etc.

1. Poona Auto Anillaries Pvt. Ltd., Pune contra Punjab National Bank, HO Nova Deli e outros

Resumo: Em 2013, numa das maiores indemnizações atribuídas no âmbito de um processo judicial relativo a um litígio em matéria de cibercrime, o secretário das TI de Maharashtra, Rajesh Aggarwal, ordenou ao PNB que pagasse 45 lakh ao queixoso Manmohan Singh Matharu, diretor-geral da empresa Poona Auto Ancillaries, sediada em Pune. Um burlão tinha transferido 80,10 lakh de Rs da conta de Matharu no PNB, em Pune, depois de Matharu ter respondido a uma mensagem de correio eletrónico de phishing. O queixoso foi convidado a partilhar a responsabilidade, uma vez que respondeu ao correio eletrónico de phishing, mas o banco foi considerado negligente devido à falta de controlos de segurança adequados contra contas fraudulentas abertas para defraudar o queixoso.

C. Secção 65: Alteração de documento informático de origem

1. Syed Asifuddin e Ors. vs. Estado de Andhra Pradesh [2005 CriLJ 4314]

2. Bhim Sen Garg contra Estado de Rajasthan e outros, em 13 de junho de 2006 [2006 CriLJ 3643].

E. Secção 66: Infracções relacionadas com a informática

1. A. Shankar vs State Rep. [2010] O peticionário tinha obtido acesso não autorizado ao sistema protegido do Consultor Jurídico.

E. Secção 66A: Punição do envio de mensagens ofensivas através de serviços de comunicação, etc.

1. Acórdão do Supremo Tribunal (em PDF) sobre a supressão da Secção 66A no processo Shreya Singhal V União da Índia (2015)

Resumo: A secção 66A da Lei sobre as Tecnologias da Informação de 2000 é anulada na sua totalidade por violar o artigo 19.o, n.o 1, alínea a), e por não ser salvaguardada pelo artigo 19.o, n.o2. A secção 69A e as regras relativas às tecnologias da informação (procedimento e salvaguardas para bloquear o acesso do público às informações) de 2009 são constitucionalmente válidas. Além disso, a secção 79 é válida, sob reserva da leitura da alínea b) do n.º 3 da secção 79 e assim por diante.

F. Secção 67: Punição da publicação ou transmissão de material obsceno em formato eletrónico

1. Avnish Bajaj contra Estado, conhecido como processo Bazee.com (2005)

Resumo: O diretor executivo de um portal de comércio eletrónico foi detido e posteriormente libertado sob fiança ao abrigo da secção 67 da lei sobre as tecnologias da informação (IT Act) devido à venda de um vídeo obsceno carregado em Bazee.com. Ele provou a devida diligência mas, em 2005, a lei sobre as tecnologias da informação não continha quaisquer disposições relativas a "intermediários"!

2. Sharat Babu Digumarti contra Estado, Governo do NCT de Deli (Processo Bazee.com, recurso)

Resumo: O peticionário estava a trabalhar como Senior Manager, Trust and Safety, BIPL no dia em que o DPS MMS foi posto à venda no Bazee.com. Ou seja, o gabinete responsável pela segurança do Portal, tomando medidas em relação a listas suspeitas quando estas são comunicadas pelos nossos utilizadores, e bloqueando o utilizador ou fechando os artigos da lista em conformidade. Considerou-se que, prima facie, existem elementos suficientes que demonstram o envolvimento do peticionário para o acusar da prática de um crime punível nos termos da secção 292 do IPC. Embora já tenha sido absolvido das infracções previstas apenas na Secção 67, em conjugação com a Secção 85 da Lei relativa à Informática e com a Secção 294 do IPC.

3. Dr. L. Prakash contra Estado de Tamil Nadu (2002)

Resumo: O peticionário foi detido pelo inspetor da polícia, R8 Vadapalani Police Station, Chennai, por várias infracções, nomeadamente o artigo 67.o da Lei das Tecnologias da Informação de 2000, o artigo 4.o , conjugado com o artigo 6.o da Lei sobre a representação indecente de mulheres (proibição) de 1986 e o artigo 120.o -B do Código Penal indiano.

4. Mohammed vs Estado em (2010)

Resumo: A secção 67 da Lei das Tecnologias da Informação foi analisada e considerada não aplicável ao caso do correio eletrónico ameaçador recebido pelo Ministro-Chefe de Gujarat, pelo que foi ordenada a sua supressão.

5. Sreekanth C. Nair vs Licensee/Developer (2008) [Bloqueio do sítio Web].

Resumo: Um estudante da ASCL deparou-se com o sítio Web "www.incometaxpune.com" e, ao visitar o referido sítio, o queixoso foi levado para um sítio pornográfico e recorreu ao tribunal para obter uma ordem de bloqueio contra o sítio Web. O tribunal ordenou que só quando as autoridades enumeradas nas cláusulas (i) a (vii) não estivessem dispostas ou se recusassem a apresentar uma queixa ao Diretor, CERT-In, é que o tribunal poderia ser chamado a dar instruções ao funcionário em causa.

F. Secção 70: Sistema protegido

1. A. Shankar vs State Rep. [2010] O peticionário tinha obtido acesso não autorizado ao sistema protegido do Consultor Jurídico.

2. Firos contra Estado de Kerala (2006)

G. Secção 79: Isenção da responsabilidade do intermediário em certos casos e Regras relativas às tecnologias da informação (Diretrizes para os intermediários), 2011

1. CHRISTIAN LOUBOUTIN SAS Versus NAKUL BAJAJ & ORS (Responsabilidade do intermediário enquanto operador de comércio eletrónico - novembro de 2018)

Resumo: Grande análise da secção 79 da Lei de TI de 2000 e das Orientações relativas aos intermediários feita pela ilustre juíza Pratibha M Singh. É importante referir que estabelece as circunstâncias em que se presume que o intermediário está a favorecer a venda de produtos/serviços em linha e que, por conseguinte, não pode ser isento de sanções. No caso em apreço, o queixoso, um fabricante de calçado de luxo, apresentou um pedido de injunção contra um portal de comércio eletrónico www.darveys.com por violação da marca registada, juntamente com o vendedor de produtos espúrios.

2. KENT RO SYSTEMS LTD & ANR contra AMIT KOTAK & ORS (EBAY - janeiro de 2017)

Resumo: A Kent RO tinha apresentado uma queixa à eBay por violação dos seus direitos de propriedade intelectual por parte de um vendedor na plataforma desta última e pretendia que a Ebay verificasse os produtos antes de estes serem carregados na sua plataforma. O Tribunal referiu que as regras relativas aos intermediários informáticos apenas exigem que o intermediário publique as regras e regulamentos e a política de privacidade e que informe os utilizadores dos seus recursos informáticos para que não alojem, apresentem, defendam ou publiquem quaisquer informações que violem quaisquer direitos de propriedade intelectual. Além disso, as regras em matéria de TI exigem que o eBay, na qualidade de intermediário, informe, por escrito, qualquer pessoa, tal como os queixosos, sobre produtos que violem os direitos de patente, de marca registada ou de direitos de autor dessa pessoa, para que, no prazo de 36 horas, desactive as informações infratoras. O Tribunal considerou que o alojamento de informações em tais portais é automático e que não se espera que a eBay examine todas as informações, exceto quando estas são levadas ao seu conhecimento. Por conseguinte, exigir que um intermediário efectue esse rastreio constituiria uma interferência não razoável nos direitos do intermediário de exercer a sua atividade.

3. Google India Pvt Ltd VS. Visaka Industries Limited (2009)

[A Google é responsável como intermediário (se for provada a sua culpa), uma vez que a queixa criminal foi apresentada antes da entrada em vigor da Lei das Tecnologias da Informação (alteração) de 2008].

4. Gaussian Network Pvt. Ltd V Monica Lakhanpal & Another (2012)

[Se existe alguma restrição à prática de jogos de perícia de Rummy, Xadrez, Golfe, Póquer, Bridge e Snooker com apostas nos sítios Web com fins lucrativos e se as apostas em jogos de perícia tornam a atividade "Jogo de Azar", nos termos da Regra 3 das Orientações para os Intermediários?]

5. Vyakti Vikas Kendra e outros contra Jitender Bagga e Google (2012)

[A Art Of Living Foundation apresentou um pedido de medidas provisórias contra um bloguista e o intermediário Blogger.com, propriedade da Google, por ciberdifamação. Foi ordenado a este último que removesse todo o conteúdo difamatório no prazo de 36 horas]

H. Secção 65B da Lei da Prova Indiana, 1872: Admissibilidade de registos electrónicos

1. Anvar P.V contra P.K. Basheer e outros

[Um registo eletrónico como prova secundária só pode ser admitido como prova se forem cumpridos os requisitos da secção 65B]

2. CS: Harpal Singh V. Estado do Punjab (2016) - Provas electrónicas [novembro de 2016]

[Aparentemente, a acusação baseou-se em provas secundárias sob a forma de uma cópia impressa dos dados da chamada, mesmo supondo que o mandato da Secção 65B (2) tivesse sido cumprido, na ausência de um certificado nos termos da Secção 65B (4), o mesmo tem de ser considerado inadmissível como prova]

3. K. Ramajayam V. O inspetor da polícia

[Se um registo eletrónico for utilizado como prova primária ao abrigo do artigo 62.o da Lei indiana sobre a prova de 1872, é admissível como prova, sem que sejam cumpridas as condições previstas no artigo 65.o B da Lei sobre a prova. Neste caso, o DVR que contém as informações é apresentado ao Tribunal]

I) Competência:

1. Banyan Tree Holding (P) Limited vs A. Murali Krishna Reddy & Anr (2009) [Embora os tribunais tenham aplicado mais facilmente o teste dos "efeitos" em casos de difamação, tem havido problemas na sua aplicação a casos de violação de marcas registadas]

2. Supremo Tribunal dos Estados Unidos no processo CALDER v. JONES, (1984) [O Tribunal Distrital dos Estados Unidos para o Distrito Ocidental do Texas aplicou o "teste dos efeitos" estabelecido pelo Supremo Tribunal dos Estados Unidos no processo Calder v. Jones, 465 U.S. 783 (1984), para recusar a moção de um arguido para rejeitar um processo de difamação na Internet por falta de jurisdição pessoal]

J. Bloqueio do sítio Web:

1. Sreekanth C. Nair vs Licensee/Developer (2008) [Bloqueio do sítio Web].

K. Nomes de domínio - Questões relativas a domínios e marcas registadas:

1. Infosys Technologies Limited vs Akhil Gupta (2005)

2. Yahoo! Inc. vs Akash Arora (1999)

3. Satyam Infoway Ltd vs Siffynet Solutions Pvt. Ltd (2004)

L. Litígios relativos a nomes de domínio .COM:

1. Vertex Pharmaceuticals Incorporated contra Ramzan Arif, Vertex Medical (pvt) Ltd. [Processo da OMPI n.º D2020-2334] (Domínio: VertexMedical.com)

Printed by Books on Demand GmbH, Norderstedt / Germany